CCTV10 科技博览

我的第一套电视科学百科

大宇宙

CCTV《科技博览》栏目 著

上海科学技术文献出版社

图书在版编目（CIP）数据

大宇宙/CCTV《科技博览》栏目著. --上海：
上海科学技术文献出版社，2011.4
　ISBN 978-7-5439-4827-3

　Ⅰ.①大… Ⅱ.①中… Ⅲ.①宇宙-普及读物 Ⅳ.
①P159-49

　中国版本图书馆CIP数据核字(2011)第034719号

责任编辑：张　树　李　莺
封面设计：钱　祯
资料补充：走　走

大宇宙
CCTV《科技博览》栏目　著

出版发行：上海科学技术文献出版社
地　　址：上海市长乐路746号
邮政编码：200040
经　　销：全国新华书店
印　　刷：江苏常熟市人民印刷厂
开　　本：740×970　1/16
印　　张：12.75
字　　数：208 000
版　　次：2011年4月第1版　2011年4月第1次印刷
书　　号：ISBN978-7-5439-4827-3
定　　价：25.00元

http://www.sstlp.com

目 录

探索宇宙之路	1
大宇宙——宇宙生命探索	3
探索地外文明	6
宇宙和人	15
日月交食和极光	30
来自太阳的风暴	32
五星连珠	34
与小行星亲密接触	36
火红的诱惑	38
意想不到的发现——脉冲星	40
流星	42
木星和木卫	44
测量时空	47
大行星和月亮	50
木星	53
土星	56
运动的标记	59
独具慧眼	62
登陆火星——咋就这么难	65
从太阳到地球	67
地球——我们的家园	69
地球到底是什么形状的	71
公转中的地球	74
地球的第一张照片	77
监控大地	80
追踪地球"黑金"	82
电离层骚扰预报	84
无穷大	86

传动新方式	89
高性能对地观测微小卫星	91
卫星气象监测	93
风洞	95
科学"预言"家	97
日食和大行星之旅	99
热在三伏	102
秋分与春潮	105
临近秋分	108
破译天书——气象学家叶笃正	110
太空天气监测员	113
太空救生船	115
大修"空中客车"	117
空中交通	119
太空生活	120
航天食品	122
惜别和平号	124
鹰击长空	126
飞行的安全和娱乐	134
海上航天城	136
火箭的分离技术	140
火箭与发动机	142
"神舟"太空之旅	144
太空家园	146
太空监测站——"神舟"三号飞船轨道舱	148
载人航天发射场	151
近看"神箭"	154
蓝天之梦	159
明日飞行	171
模拟航天员	173
太空神舟	175
飞向水星	177

探月	179
挑战太空	181
小鹰500——明日之星	184
保护生命的服装——宇航服	186
圆梦飞行员	188
走向太空	190
地外生命的迹象	192
向未知延伸	195
人类能走多远	197

探索宇宙之路

茫茫宇宙是从哪里来的,它又会去向哪里?我们居住的蓝色星球是怎么来的?自然界的风雨雷电又是怎么产生的呢?自从有了人类文明,拥有最高智慧的人类就一直想知道这些问题的答案,人类对宇宙和自然的探索从来就没有停止过。

远古时候的人类文明处于生产力低下的原始阶段,人们对自然和宇宙知之甚少,当自然界的风雨雷电等自然现象得不到合理解释的时候,人们只能把这些都归功于神或者上帝的力量,认为是超自然的神灵创造了这些。美国科学家富兰克林却不以为然。在一个雷雨交加的晚上,他将一只连着金属导线的风筝放上了天空,冒着生命危险给人类揭开了雷电的奥秘:那些让古人感到恐惧、无法理解的雷电,只不过是一个很普遍的云层放电现象而已。

伴随着人类文明的发展,人们对自然和宇宙的认识也有了进步,但是仍然有许多问题没有找到满意的答案。是什么力量创造了如此秩序井然的宇宙,创造了我们赖以生存的蓝色星球,创造了如此丰富多彩的生物世界?找不到答案的人们试图通过神或者上帝来解释这一切。

在很长的时间里,人们相信自己的想法是正确的,同时也没有放弃过对宇宙和自然的探索。苹果为什么会从树上掉到地上,而不是飞向空中呢?牛顿对此产生了浓厚的兴趣。通过反复的试验和观察,牛顿发现了揭示物体与物体之间关系的万有引力定律,小到两个物体,大到宇宙天体之间无一例外地遵守这个规律。月亮之所以围着地球转,地球之所以围着太阳转,都能从万有引力定律

> **宇宙**
> 是由空间、时间、物质和能量所构成的统一体,是一切空间和时间的综合。一般理解的宇宙指我们所存在的一个时空连续系统,包括其间的所有物质、能量和事件。根据大爆炸宇宙模型推算,宇宙的年龄大约为200亿年。

中得到科学合理的解释。

地球围绕太阳公转这个现在看来简单的天文常识,人们认识它也经历了漫长的时间。几百年前,人们一直固执地认为地球是宇宙的中心,太阳是围绕地球旋转的,这些都是上帝或者神安排的,是不容改变的。波兰天文学家哥白尼经过长期观测和研究,以惊人的毅力和勇气提出了"日心说",他认为静止不动的太阳是宇宙的中心,包括地球在内的行星都围绕太阳旋转。"日心说"推翻了长期居于统治地位的"地心说",这是一个伟大的天文革命。今天看来,这个"日心说"有它的局限性,但毕竟在人们认识宇宙的道路上往前迈进了一大步,人类探索和认识宇宙的过程就是这么一步一步往前的。

进入20世纪,人类文明到了一个空前发展的阶段,人们凭借自己的力量可以观察和探索我们生活的星球之外的更广阔的未知世界,使我们有机会去探索宇宙的奥秘。

1990年4月25日,"发现号"航天飞机将哈勃望远镜送上太空,人们又多了一个探索宇宙的"千里眼"。从哈勃发回来的2.9万张高质量的精美图片,让人们看到了似曾相识但是更陌生的宇宙图景,翻开了人类探索宇宙奥秘的新的一页。

人们认识和探索宇宙的进程还会不断地进行下去,借助发达的科学技术,将会让人类对这个浩瀚的美丽宇宙认识得更多。当人类能认识的空间越来越广阔的时候,人们会发现有更广阔的空间需要我们不断去探索和认识,对宇宙和自然的探索也是如此。

大宇宙
——宇宙生命探索

超新星，一颗巨星生命的终结。一颗具有几十至上百倍太阳质量的恒星身躯四散溅落到太空之中。但是，大灾之后，星系再生。从废墟中，新的恒星又会诞生。它们会在这种气体尘埃云中点燃生命之火，而超新星则使星云物质更加丰富。爆炸所产生的冲击带来了许多金属元素，比如铁和金。重元素仅仅产生于最巨大的恒星之中。于是，一颗超新星养育了它的子孙后代。

恒星的产生过程是，首先在尘埃云的自引力作用下物质坍缩，而后形成一个盘，在盘的中心，一颗恒星开始闪耀。在它周围产生环状物，环分解而形成行星。太阳系就是这样演化的。

地球在这蓝色的"可居住"区域的轨道上安然旋转着，在这里，生命是可能存活的。彗星群给我们带来了水。闪电可以说是生命诞生的催化剂。早期的大气中有很多的二氧化碳气体。地球是超新星的受益者。我们拥有丰富的磷和硫，对于活细胞来说，这些是基本的元素。当那些细胞演化成较高级的生命形式时，绿色植物向大气中呼出大量氧气。对生命而言，地球变成了再好不过的育婴箱：既不热，也不冷，日地之间也恰好有一段宜于生命存活的距离。

对于火星来说，就没有这么好的条件了。它是冰冷干燥的不毛之地，即使在最温暖的日子里，那里的温度也很少超过0℃。这是由于火星刚好处在可居住区域之外。

近一个世纪以前，一些天文学家们仍然相信火星人

超新星爆发事件

就是一颗大质量恒星的"暴死"。对于大质量的恒星，如质量相当于太阳质量的8~20倍的恒星，由于质量的巨大，在它们演化的后期，星核和星壳彻底分离的时候，往往要伴随着一次超级规模的大爆炸。这种爆炸就是超新星爆发。现已证明，1572年和1604年的新星都属于超新星。在银河系和许多河外星系中都已经观测到了超新星，总数达到数百颗。可是在历史上，人们用肉眼直接观测到并记录下来的超新星却只有6颗。

的存在，那是一些能挖掘运河网络而使水从两极引向各地的"智慧生命"。可惜，那些想象中的运河从未浇灌过一棵绿色植物。但是，火星可能曾经有过海洋，并且可能拥有过微生物。

它的海洋是怎样消失的呢？一般认为，由于火星比较小，较弱的引力不能阻止大气流入太空中，当失去了大气保温层后，这颗红色的行星就会冻结。今天，火星的极冠上可以看到古代的遗迹，许多科学家坚信在火星表层下仍然存在着广阔的冰冻水资源。谁知道呢？也许还有微生物在那里存活，或者，至少有一两种化石存在。

但是，如果我们真能在太阳系内发现新的生命，最可能的地方应该是在这里。这是木星的一个卫星木卫二的极特殊的表面。木卫二比月亮稍小，它全部被几十千米厚的冰层所覆盖，这冰层与地球上的浮冰惊人的相似，在冰层下面是海洋。

如果木卫二的冰层下面存在大片海洋，而且海水被火山加热，那么它很可能是温暖的。就像在地球的海洋里，暖流可以维持原始生命，这种生物体依靠化学物质维生而不需要太阳能。因此，应当对木卫二进行全面的探测。

到目前为止，我们尚未发现有任何地外生命存活的迹象。再向外走，我们就到达了土星，在那里，它的云层温度最高也只有$-180℃$。但这个巨大的气体球并不是我们探索的目标，我们要光顾的是土星最大的卫星土卫六。

土卫六是一个生命起源的实验室。由于表面温度为$-200℃$，土卫六不是一个能产生生命的地方。但是它的浓密的大气层中含有许多碳氢化合物，它们通过太阳的紫外光可产生化学反应。光化学反应能产生有机分子，这些碳基化合物是产生生命的第一步。但是土卫六太冷了，以致于无法迈出下一步。它就像是一个深度冻结了的地球。

就像地球一样，土卫六的大气中含有丰富的氮气。它也含有水分子，那是彗星带来的。早期地球的成分在此一览无余。而产生生命，所需要的就是热量。在50亿年后，它将得到所需热量，那时太阳将膨胀成一个熊熊发光的红巨星。

自从1983年起，这架天线就已开始接收地外文明的信息了。我们已经通过先驱者号和旅行者号飞船发出了信号，但我们尚未接收到任何来自外星的声音。然而，有证据表明其他恒星也有行星。在这些行星中，肯定会有类似地球的世界。这种有行星形成的恒星诞生在星云中，它们就是遍布银河系的气体尘埃云。

令天文学家激动的是,这些云中包含着产生生命的物质基础,包括水和有机分子。由于一颗恒星在一个坍缩云的中心形成,产生的星盘会围绕着这个中心旋转,碎块则与中心分离。这些碎块会产生行星。

这是一颗带有原行星的恒星。这是同样的另一颗。这两个恒星系统都是由哈勃空间望远镜拍摄到的。这是绘架座 β 星的动画,在它清晰的外盘中心有一个行星轨道。我们不能看见行星,但我们知道它确实在那里,因为它的引力拉扯着恒星,使恒星摇摆不定。

天文学家利用多普勒效应探测这种摆动。当恒星向我们走来时,它是偏向蓝色的,而离我们远去时,则偏向红色。

这个哈勃图像是一个谜,它显示一对已明显生成有一颗行星的恒星。一丝痕迹使我们对它关注起来,这是第一个太阳系外的行星的图像吧?这不是一颗行星。它是一颗褐矮星,一个质量不超过木星质量50倍的天体,它太小了,以致不能成为一颗恒星。

到目前为止,已发现的带有行星系统的恒星中,没有一个具备维持生命的条件。有的行星的轨道太靠近恒星。有的则是轨道离恒星太远。但是,当我们真的发现一颗类地行星时,它一定比我们的猜测奇异得多。

探索地外文明

> **地外文明**
>
> 一般指存在于地球以外的生命体。它们尚没有被目前地球上的生命所观测到,倒是许多虚构作品中时常有它们的出现。它们与外星人时常被作为人类文艺节目讨论或展示的对象。当然始终有人相信有外星人存在。但是目前没有确凿的证据来证实这一点。

一、何以探索?

对于人类来说,探索未知世界是一种永恒的冲动,古人与今人、普通人和科学家没有什么区别。人类对宇宙和外星智慧的探索实际上就是人类发现自我的旅程,是探索人类作为物种与宇宙的相互关系的过程。说到底,是在追问:我们是谁?我们从哪里来?

人类自从诞生以来就一直探索着自己在宇宙中的位置,但是,每一步探求都使我们更加远离宇宙舞台的中心。哥白尼的"日心说"把地球从宇宙中心踢开了,而达尔文的"进化论"又使人和猴子拥有了同一个祖先。如果将来有一天,我们再寻找到外星生命,那么,人类唯我独尊的固有信仰也将随之崩塌。一旦认识到自己在宇宙中的真实位置和真实地位,人类必将多一分理智与宽容,少一分狂妄与贪婪。

地外文明的探索不仅是宇宙探索的一部分,同时对人类的进化将产生深远的影响。只要文明之间存在着差别,那么就有文明发展的规律可寻。不过,这些规律必须是在掌握了许多文明进化的有效信息之后才能找到。由于地球文明是在与世隔绝的状态下演进的,所以我们只有自己进化的信息。但这种进化的未来走向如何,我们至今一无所知。现在人类正处于文明大道的十字路口,如何安全地度过技术文明的青春期,使地球文明走向成熟与和谐,已经成为迫在眉睫的问题。因此,从某种意义上说,接收和破译来自外星文明的星际通讯消息,将极大影响人类文明的未来。

如果寻找外星文明的尝试成功了,人类和行星的历史可能完全改写。我们将发现,人和外星球上的其他物种一样平凡,生命的种子可能遍及宇宙的每个角落。我们通过比较与外星生命在生理、生态、历史、政治、科学、技术、艺术、宗教、哲学等方面的异同,必将对地球文明起到无可估量的促进作用。

我们的地球已经在超负荷地运行着,它在漫长的地质年代所积累的全部能量,在短暂的时间内将被消耗掉。按照目前的能源消耗速度,地球上的煤可以再用一百多年,石油用五十多年,天然气和放射性铀矿也只有几十年的开采时间。如果能够发现先进的外星文明,我们也许能找到解决资源枯竭问题的办法,甚至还可能与之联手开发崭新的生存空间。

当然,也会有人担心说,寻找外星生命会有很多风险,我们接触到的先进文明恐怕不友善。实际上,如果真的有先进的外星文明,他们能生存如此之久,这个事实本身就意味着他们至少学会了与自身及其他文明平等共处。我们如此害怕与外星人接触,大概只不过是我们落后状态的反映。

试图与其他文明进行接触,这是人类共同致力的极少数的努力之一。这种努力即便一无所获,也是一种成功。因为它至少可以从反面告诉我们,宇宙中的生命是多么稀少而珍贵,并可以在人类历史上首次标明我们每个人的生存价值。

实际上,地球上种族间存在的差异,跟我们人类和外星人的差异相比,实在是微不足道。发现地外智慧生物有可能会使我们这个争吵不休和存在分歧的行星团结起来,和谐共处。因此,我们应该寻找自己的宇宙兄弟。

二、以何探索?

宇宙中究竟存在着许多个文明世界,还是只有地球这一个?这是人们探索自然时经常遇到的问题,很少有比发现太空中存在智慧生命更激动人心的事了。

寻找外星智慧生命有两种思路,一种是设法让外星人知道我们的存在,另一种思路是设法听到对方发出的信号。如果我们的科技能力还不足以走出太阳系和外星人握手,那么,至少我们可以用这两种方式告诉那些远在天涯的生命:你们并不孤单。

从历史上看,人类从来没有放弃过对地外文明的探索,进入20世纪,更是以前所未有的先进工具继续寻找外星生命。我们地球人曾主动给外星智慧生命送过4次礼,它们是20世纪七八十年代由美国发射升空的4个探测器。前两次发射的先驱者号各带着一张内容相同的"地球名片"。后两个旅行者号分别带着录有"地球之音"的唱片。内容包括用六十余种语言问候的"你好",中国的京剧和古曲《高山流水》,以及贝多芬的《欢乐颂》等名曲,一百三十余张图片包括万里长城以及中国传统家宴等。镀金铝板和喷金铜唱片经过特殊处理,几亿甚至几十亿年都不会变形或变质。如今,这几艘宇宙飞船正在超越太阳系的途中。尽管它是人类发射的最快的飞行物体,但还是得花费几万年的长途跋涉才能到达最近的恒星。

除了发送实物信息外,我们还发送无线电波寻找地外文明。1974年,地球人曾向武仙座球状星团M13发送了一封电报,它长达3分钟,由1 679个二进制码0和1组成。然而电波到达那里需要2.5万年。如果真的有知音存在,他们又迅速回电,还得2.5万年后才能到地球,因而现在的地球人几百辈子也无法收到回电。

利用射电望远镜寻找地外文明是世界上最常用的方法。它源自著名的"奥兹玛计划"。这个计划的基本观点是:氢是宇宙中最丰富的物质,氢原子发出的21厘米波长的电信号是宇宙中常见的信号,外星人如果能够向其他天体发送信号的话,也许会使用这种波长。于是,美国科学家弗兰克.德雷克博士在1974年使用射电望远镜向宇宙发送人造信号;同时,也借助射电望远镜搜寻外星人发出的信号。

为了增强太空探测能力,许多国家纷纷联合起来,建造一些大型射电望远镜工程。美国和欧洲已经在智利北部山区建造大型毫米阵列望远镜,包括60个直径为12米的无线电望远镜,阵列最大直径可达10千米。目前中国正准备利用贵州天然的喀斯特洼地建造一面直径为500米的世界最大的射电望远镜。这口"大锅"将有近30个足球场大,从聚光能力看,它等于把我们的瞳孔扩大了1 700亿倍。

此外,科学家认为,可见光的波长比无线电波短,能量更高,而且沿直线传播,因此外星智慧生命更有可能使用强大而短暂的可见光脉冲的方式来传达他们的问候,就像航船用信号灯进行交流一样。数光年远的文明只要存在,脉冲侦查系统就有能力发现它。

但是,到目前为止,人类还没有收到外太空任何有目的、有规律的信息。我们仅仅听到地球这个小星球上的生命之声,但是,我们终于开始注意收听宇宙乐曲中的其他声音。

三、行踪难觅

尽管人类用各种办法去寻找外星生命,但是迄今为止,我们不但没有找到经过科学验证的地外文明,甚至没有发现外星生物存在的蛛丝马迹,为什么会这样呢?

一般认为,如果以地球作为生命存在的唯一参照系,那么地外智慧生物从一个简单的生命发展到高级生命所需要的条件是十分苛刻的。从时间上看,高级智慧生物的进化一般需要40亿到50亿年。在这段时间里,行星和恒星的状态要非常稳定,不能爆炸毁灭;这个行星不能离恒星太近或太远,应该具备产生液态水的条件;而恒星要像太阳一样质量适中,并处于壮年期。

从进化角度看,导致人类产生的进化链条漫长而脆弱,它取决于几百万个独特的环节,而每个环节都有特殊的形式,并且依赖于特定的物理和化学环境。其中任何一个环节发生偏差,进化的结果可能就会完全不同。比如有的猴子进化成人类,而有的仍旧在森林中攀援。因此,生命现象在宇宙中是稀有的,智慧生命现象就更加珍贵。

但仅仅具备上述条件还远远不够。即便这个星球上有生命,如果低于我们的文明程度,或者不会使用无线电,那么目前想找到他们是不现实的。另外,文明的产生不可能是同时进行的,往往此起彼伏,也许一个文明刚刚熄灭,而另一个文明正在形成,所以彼此间极难见面。而银河系里拥有高级生命的行星到底有多少呢?

1961年,年仅31岁的美国天文学家德雷克发明了一个估算外星文明数目的方程,这就是有名的"绿岸公式"。他把一个星系里高级技术文明的数目写成一连串的概率因子的乘积,包括星系中恒星的数目;伴有行星的恒星的比率;行星产生的概率,行星允许生命发生的概率,生命演化成理性的几率,掌握了通讯联络技术的行星的比率,以及文明社会的持续时间。这些因子中,只有文明社会的持续时间很难估算。

我们的每项估算代表了各种科学观点的折衷立场,以银河系为例,最终的计算结果在1至几百万之间。文明可能要经过数十亿年的痛苦进化才能出现,然后又可能由于不可饶恕的疏忽或技术灾难而毁于一旦。但是,如果自我毁灭并非星际文明的注定归宿,如果有百分之一的文明能够成功地度过技术的青春期,那么,银河系中现存的文明数目将以百万计了。

根据目前地球的技术文明水平,试图通过星际旅行与外星文明进行直接接触是不现实的。星际旅行要受到物理时空的三种制约：一是恒星距离非常远。最近的恒星距离我们也有4.23光年，即使以光速穿行，来回也需要8年多。二是旅行速度的限制。任何物体的运动速度不可能超过光速，所谓的时空隧道仅仅在理论上存在，现实中既没有找到，也无法制造。三是能源的问题。经过粗略计算，如果要用40年的时间往返一次人马座，那么这艘飞船将消耗掉60亿人生存上千年所需的能量，这显然不现实。

但是，缺少证据并不是找到了不存在的证据，因此继续寻找就是我们的选择。随着人类文明的进步，在宇宙这个无边无际的星际海洋中，我们和宇宙兄弟相会所需要的船只终将出现，只是它需要时间而已。看来，这场对话只能从我们开始，由我们遥远的后裔进行下去。

四、外星人与UFO

就在科学家们忙于到外太空去搜寻智慧生命的同时，地球上有许多人却声称，外星人早已来到了地球，他们乘坐的星际交通工具就是UFO——不明飞行物。

从感情上讲，人们对地球以外还存在智慧生命这件事是又怕又盼，这种感情常常集中在夜空中一颗明亮的红色星星——火星上，因为太阳系的行星中，只有火星的环境与地球最为相似。人类甚至假想出火星上有智能生物，有人工水渠、河道，有水，甚至还有鱼。一些影视文学作品中既有火星人帮助人类，也有袭击地球的题材。而外星人的形象多数是：大眼睛、大脑袋、身材矮小、四肢瘦弱。其中最为有趣的是小绿人，皮肤是绿色的，可以利用星光进行光和作用，和地球上的植物相似。其实，这些外星人的形象都是人们想象出来的，并没有事实根据。

从19世纪70年代开始，世界各地就不断出现目击飞碟的报道或传闻。尤其是到了20世纪50年代，西方的报刊不仅不断报道UFO的出现，而且还经常报道有人与UFO遭遇、汽车被撞等不幸事件发生。各类描写UFO的读物目不暇接，飞碟目击事件与日俱增，至今累计已达几十万起，而且每年还以平均3 000件的速度递增。

人们对UFO众说纷纭，不一而足，有人说其状如圆盘，有人说其像根雪茄，有人说它圆球模样，有人说它移动或无声无息，或噪声如雷，有人说它尾部喷火，有人说并不喷射任何东西。有人说它飞行时或发出耀眼闪光，或放射均匀的光芒。

各国科学家对UFO现象是比较关注的。比如在20世纪六七十年代,如果遇到不明飞行物的举报,科研机构往往会派人去调查。据统计,美国和英国都有一万两千余次的调查记录。结果显示,举报中的UFO70%以上是飞机,这与我国报道的情况相差不大。其次是火箭、航空器等坠落的碎片,第三是气球或夜晚出现的卫星、流星、彗星,第四是特殊大气状况下出现的幻觉或雷电形成的火球等。还有的是将希望和恐惧经过修改作为证据提供,甚至是为了获得名誉和金钱而编造的谎言。

1999年12月在北京、上海发现的UFO事件,当用望远镜或摄像机镜头拉近观察时,才发现是飞机喷出的尾气。另一些UFO事件,有的是为了在军事上迷惑敌人故意制造的一些赝品;还有的是模仿传说中的飞碟模样制造飞行器进行飞行实验。1957年10月,世界上第一颗环绕地球的人造卫星发射成功,就在这一年,美国有记载的一千一百多次UFO目击事件中的七百多次发生在卫星上天之后的两个月内。这说明对卫星的宣传可能使人们比平时更多地仰望星空,看到了更多他们并不了解的自然现象。

但是,也有些UFO事件至今还不能得到令人满意的解释。那么,是否可以肯定它们就是外星人的交通工具呢?人们目前对此既无法证实,也无法证伪。而严肃科学认为,我们地球不曾被外星生命和UFO造访过。人们关注飞碟反映了人类探索未知世界的一种冲动,也说明人类对自身环境安全的关注。

因此,外星文明存在与否是人类面临的一个世纪性难题,这个难题的解决也许尚待时日,也许无果而终。但是,科学方法告诉我们,无论何事何物,必须有证据。科学幻想不能代替科学证据,推测要由实践去检验。

五、宇宙学中的新迷信

在科技文明高度发达的今天,科学或许已经从人们的信仰中赶走了所谓的"魔鬼"与"巫师"。但是我们又发现,这个空白很快被那些"外星人"所填补,外星人给地球人带来的所有恐惧和激情,似乎都可以在远古时期的神话传说中找到影子。

当以大眼睛外星人做封皮的书畅销以后,外星人突然成为热门话题。有人在现实世界没有发现外星人的踪迹,就向远古时期去寻找。

有一段时间,流传着埃及金字塔是天外来客留下的遗迹的言论,这种观点迷惑了不少人。而埃及人则认为这是对他们祖先智慧和创造力的一种蔑视。埃及已经在金字塔周围挖掘出大量尸骨，他们是当时建造这些宏伟建筑的奴隶。怎能把在数十万奴隶尸骨上修建起来的金字塔说成是外星人所为呢？想想看，如果古代真有外星人来过地球，外星人的智慧和创造能力显然要远远超过现在的地球人。修建一座金字塔如今看来不过是一项易如反掌的工程，它要比建造摩天大楼、海底隧道简单得多。外星人从遥远的天体来到地球，为什么不留下显示它们高超的创造力和超人类文明的建筑物，而修建放置尸体的陵墓呢？之后，又有人猜测，复活节岛海边耸立的大石块是外星人放置的，墨西哥的大地画是外星人的导航标志，这些也都被考古学家一一否定。

还有一个流传得很广的传说，认为月球是外星人建造的。月球内部中空，是外星人的一个基地。假如按其所说，月球是中空的，那么月壳要多厚才能正常旋转而不崩溃呢？经计算，构成这种厚壳的元素就要比元素周期表上最重的元素还要重几倍，这在已知宇宙中是不存在的。那么事实是怎样的呢？继阿波罗11号登月飞行后，美国又进行了5次成功的载人飞行奔赴月球，每次都做了一些重要的科学试验，其中最有影响的试验就是人工月震。将登月舱末段抛向月面或用三级火箭的第三段投向月面，从而形成数十吨乃至数百吨TNT炸药爆炸的效果，然后根据冲击波传播的距离和震动时间判断月球结构。科学家摆了5台地震仪，分布在月球的不同位置，这些仪器总共记录了几万次人工月震和自然月震。所有的证据表明，月球是实心的，结构就像地球一样，有月壳、月幔、月核，而且越到中心，密度越大。因此，月球中心不可能有外星人居住，它也不是外星人宇宙航行的中继站。

由于目前还有1%的UFO现象无法解释，于是有人片面强调现代科学的局限性。但是，就人类的认识能力而言，从基本粒子到大宇宙，并不存在认识上的绝对盲区，只是个别环节有待进一步完善和充实。近代科学是在高度的理性思维和坚实的实验基础上建立起来的完美殿堂。而所谓不明飞行物、外星人以及占星术等问题，距此要求甚远，所以不能在科学殿堂中占有一席之地。

著名科普作家卡尔·萨根在《魔鬼出没的世界》一书中写道："假如仔细推敲人们的神学观点，我们就会发现，每当人们看不出自然界中某种事物的根源，而且绞尽脑汁也理不出头绪时，他就会推出"诸神"这个词来解决他的难题，结束他的思考。"

其实，对于极少数UFO现象等未解之谜，不论它是天外来客也好，还是自然现象也好,都应当以科学的态度对待它,仅有好奇心是不够的。

六、警惕宇宙伪科学

在我们置身其中的这个时代里,似乎科学至高无上,君临一切。然而,科学知识的爆炸性增长,以及科学分类的日趋西化与专业化,使科学知识与普通人之间的距离越拉越大,许多人更觉得科学的遥远与茫然。这反而使迷信大行其道。

近年来,在新迷信中最突出的就是宣扬外星人的迷信。人们似乎有一种趋势,凡是不能解决的考古谜案、重大灾害、自然科学目前难以解释的问题,统统归之于外星人所为。更为滑稽的是,在达尔文用"进化论"驳斥了"上帝造人说"以后,现在居然有人说人类的祖先是外星人造出来的,可以说,这是一种新的造神论。

我们对外星人的期盼是如此的朴素,我们所乐于接受的证据也是如此轻率,甚至在庄稼地里出现的圆圈都能够与外星人联系起来。

这些图案起源于英国,后来在世界很多地方都出现过,有数以千计之多。很多人在关于外星人访问地球的讨论中把它作为论据提出来。但是没有任何人亲眼看到飞碟降落在麦田里。事实上,这些图案最初是由几个捣乱成性的恶作剧艺术家所为。他们为了挑战自己,后来又逐渐设计和制作越来越复杂的图案。他们精心策划着每次夜间的行动,有的用木板压,有的用脚踩,有的使用花圃的滚压机。这些图案引起人们的注意并被渲染后,很多国家的很多人也加入到这个神秘有趣的行列中。

20世纪90年代初,美国曾播出一部解剖外星人的30分钟长的记录片。这是最大的一桩假造外星人访问地球的事件,曾轰动世界。片中说,他们解剖的是1947年在美国罗斯韦尔空军基地坠落的UFO上发现的一具外星人尸体。影片伪造得颇为逼真,但也有内行看出不少破绽。到1999年初,造谎者公开了他们的造谎过程。他们是美国人彼特曼和瓦特斯。那个外星人是瓦特斯的儿子化装的,取出的是一只鸡的内脏。为了使片子更逼真,还加入了黑白杂纹,让人看起来好像是几十年前拍摄的。

典型的伪科学和迷信还包括占星术、百慕大三角、尼斯湖怪、鬼魂现象、心灵感应、所谓先知的预言、远距离传输和远距离遥视、当月圆时犯罪率上升的观点、手相术、命理学、靠彗星茶叶等预言未来事件、把濒死的经历当做外部世界真实的事件、人体的自燃、承诺可以无限提供能量的永动机等等。

一些科学理论可能会被用来粉饰封建迷信现象。比如科学上的"暗物质"、"反物质"问题,被一些人用来作为存在"阳间"、"阴间"的时髦根据,他们不伦不类地宣称:阴间就是"反宇宙",由"暗物质"组成;或者用"多维空间理论"来解释特异功能。这与真正的科学研究谬之千里,可谓风马牛不相及。因此,利用科学的名词、术语,甚至假借一些科学原理或者他们创造的并不存在的原理来宣扬迷信是值得关注的新的迷信现象。

我国古代有条谚语说:宁可信其有,不可信其无;而大多数科学家会建议:宁可信其无,不可信其有。那么到底应该取哪一种态度呢?

科学的核心是平衡两种看起来互相矛盾的态度,即把创造性地思考和怀疑性的思考组合起来协同作用,才能使研究领域处于正轨。这两种思维方式的明智混合,是科学成功的关键,也是我们每个人面对信息时代所应该采取的态度。

宇宙和人

宇宙，星光灿烂，其中深藏着物质运动的伟大力量，它最不可思议的是，一个纯粹的物质世界，却能创造出智能。自从人类发现了这种叫做基因的结构之后，就可以相信，哪怕是尘埃，只要经过特别精致的编排，就能缔造出像生命这样的高级物质形态，并且只要给它足够的时间和空间，它就能演化出智能。

物质的宇宙能够演化出生命，目前我们唯一所知道的就是我们自己所在的太阳系，但准确地说，生命很吝啬地只选择了它的第3颗行星——地球，生命在这颗星球上诞生并且改造这颗星球长达40亿年左右，从生态上看，地球的美丽是独一无二的，然而今天的地球因为有了人类，就不仅是生态星球，同时还是一颗文明星球。

地球上唯一直立行走的智能生物——人类，今天已经非常轻松地生活在这颗行星上，但是，从古老文明走到现代文明，人类付出了巨大的代价。而二者之间的跨跃的关键恰恰取决于人类认识宇宙的深度。

尽管有很多史前文明都显示了人类认知宇宙的兴趣，但在中国四川西部三星堆发现的三千多年前的青铜器，大概是表现得最执着的了。这是一个向往飞翔的古老集体，鸟是他们普遍的偶像，鸟的眼睛被深深地崇拜着，而他们自己的眼睛，更被夸张地塑造了，这可能是人类最早的期望通过对眼睛这个器官的延长而求索宇宙的向往，这也许是望远镜的最原始的创意。

事实是，这种愿望终于在四百多年前得到了实现，人类的眼睛真的延长了，望远镜对人类文明所起的作用，可以说超过一切其他单件的工具，因为没有它，就没有可能了解天体的基本运动，也就没有对神的勇敢的否定，就没有可能在对天体的观察中得到牛顿定律，也就没以这个定律为基础的现代工业社会，人类在四百多年前通过望远镜在宇宙中获得了驾驭物质的法则，于是，我们的生活从此日新月异。

今天，人类对宇宙已经看得更远，理解得更深刻，这种理解使我们已经能够认识宇宙作为一个整体的物质运动，并且更加明确地认识到我们是物质运动的结果,而宇宙中的星辰,就是全部物质运动最重要的动力。

我们把自己拥有的一颗恒星叫做太阳,它的光辉对地球的生命是最根本的,阳光在地球表面已经掠过了四十多亿年,今天的生态就是纯粹阳光的塑造,这种塑造使得地球拥有了一个长达40亿年的生命链,这个链条其实就是固体的阳光,因为生命的本质的含义就是把光能变成物质的新陈代谢。

现在,我们可以精确地知道,这颗价值非凡的发光体非常巨大,它的直径相当于110个地球,它的表面是6 000℃的高温,经过1.5亿千米的传输,地球只得到它的光辉的5亿分之一,但这已经足够了。

它的质量相当于33万个地球,但尽管这么大,如果全部是煤,发出同样的光和热只能烧几千年。然而,它稳定地烧了50亿年,是什么东西这么经烧呢?

人类的燃烧概念是火,用一堆树枝燃烧几个小时,这就是我们的获取能量的概念,这个基本的方式一直主导着人类的文明,但这种燃烧根本没有使用宇宙中真正的能量宝库——原子核,在本质上,木头的燃烧只是原子们互换位置放出一些化学能,燃烧后,原子核的质量一点也没有减少。

而太阳的燃烧和篝火原理完全不同,它在让原子核燃烧,爱因斯坦用他著名的质能转换的公式计算出,核能量能达到普通化学能量的2千万倍。宇宙中最高效的核能是氢聚变成氦,也就是4个氢原子聚变成一个氦原子,这个过程可以有7‰的物质转换成能量,虽然只有7‰,但物质的能量太大,如果把1 000克氢原子中7‰的物质转换成能量,就相当于4 000吨石油和6 000吨煤。在一节只能烧几分钟的树枝中所蕴藏的核能,足以把一盏100瓦的灯泡点亮100万年。太阳就是一个奢侈的使用核能的天体。

那么怎样才能燃烧原子核呢?这就要看我们宇宙的物质结构了,物质本身没有行为,而物质中蕴含的4种力却决定了宇宙的一切。其中最强的是强力,它存在于强子之中,核能就是靠它产生的,但这种力只在原子核的直径范围起作用,所以,产生核能就必须让它们相互接触,也就是核聚变。

核聚变必须有中子,而另一种弱力,能使质子衰变成中子,并释放出射线,这个力是核聚变不可缺少的。而能否使核聚变发生,关键却在于电磁力,它比强力弱一百多倍,不过它延伸得比强力远,所以一般情况下强力被电磁力封闭着,如果突破不了电磁力,就不会有核聚变。其实电磁力是一种非常温和而美好的力,它天生就有正和负,永远不会过分,所谓阴阳生万物,因此它就构成了宇宙中最丰富的物质演化,包括生命。

引力是最弱的力,在单个原子中比电磁力弱几万万亿倍,但宇宙对它几乎没有限制,因此它将会以多胜少,最终统治宇宙。

构成我们生命的主要是电磁力,强力和弱力被封闭着,而引力在我们身体中可以被忽略,但我们的身体却能感觉到地球的引力,因为引力会随着物质的增大而显示出来。我们举起重物时,就是肌肉中的电磁力在和地球的引力做抗衡,人们很多的锻炼方法就是用地球的引力来增长我们的肌肉中的电磁力的能量。

当一个物体变得像太阳这么大的时候,它不仅能控制地球围绕它旋转,同时它的每个原子的引力都向中心塌缩并输送压力和热量,而由于太阳的质量巨大,因此它的引力就可以积累到极高的温度,温度越高,原子核运动速度越快,当达到1 000万摄氏度时,原子核的电磁力将无法阻挡高速奔跑的原子核相互碰撞的力量,于是原子核的强力终于在瞬间的结合并让物质释放出巨大能量,这就是核聚变,是太阳以及宇宙中所有恒星诞生的方式。

人类非常羡慕这种能源,但是目前只能破坏性地使用,这就是氢弹,一朵这样的核聚变云能轻易地抹平一座几百万人的城市,也许宇宙中所有的智能文明都要经历这样的考验:道德水平是否可以达到安全地使用宇宙中最强大的能源的程度。人类正在尝试把核能的破坏性变成建设性。

核动力研究院正在研究未来的能源——核聚变,这里要解决的难题是如何约束温度极高的核反应,由于地球上任何物质都不能承受热核反应所需要的1 000万℃以上的高温,于是人们试验用能量约束能量,用强磁场来悬浮聚变的核能,目前,核老虎的笼子正在和老虎较量,这些复杂的管道,也许不久就要编织出人类最辉煌的梦想。这一天也许真的不太远了。

太阳的引力所造成的塌缩不仅引发核聚变,而且塌缩的压力还是约束核能的极好的容器。在巨大压力下,太阳每秒钟使用5亿吨的氢原子参与聚变,其中有400万吨的物质转化为能量,这些数字听起来挺大,但和太阳的总质量相比,就微不足道了,太阳自存在以来,只损失了万分之一的物质。能量在它的大约70万千米深处的核心产生,要经过1 000万年才能上升到表面,光在太阳的肚子里走得比蜗牛还慢,正因为这样,这个能量的亿万富翁才能放心地使用自己的存款,坐吃而不山空。

的确,我们需要一个如此长久的能源,因为地球上的生命存在了将近40亿年,而太阳一定要比这个时间更长地存在,至少在没有找到另一个宇宙生命模式之前我们无法证明这个进化的时间能够缩短,不过,人们却发现,整个进化史似乎被耽误了很多的时间,真正的大型生命的进化历程实际上只有

5亿年左右，而大部分生命史都是在海洋中以微生物的形态消磨时光，这段时间居然有三十多亿年，人们发现生命的大型化和多元化全部集中在5亿4千万年前的寒武纪的地层里，而且它们似乎是突然地出现，非常整齐地站在了同一条进化的起跑线上。这就是寒武纪生物大爆炸。

寒武纪是一个伟大的时代，而中国云南澄江地区的帽天山更是这个时代的圣地，因为在这里发现了世界上最古老的寒武纪多细胞动物的化石。

大爆炸是生物学家们感到困惑的地方，因为动物的大型化和多元化的到来十分突然，而进化的复杂性似乎被寒武纪蕴藏的神奇力量给简化了。究竟是什么力量突然把微生物变成了大型的多细胞的动物呢？

在古老的年代，土壤中的含氧量很少，而寒武纪地层中的含氧量，随着年代的走近而丰度增高。也许，正是这种气体引发了地球生命的辉煌。

现在，地球的大气中充满了氧气，但是它们在天地之间一刻不停地循环，氧气是最活跃的气体，它总是很快地和其他物质氧化，因此氧气只能是保持流水作业。如果地球上的植物现在停止制造氧气，那么地球上的氧气很快就会枯竭。正因为氧气的这种活性，它才能贯穿在大型生命的体内，从而产生剧烈的体能和高级神经的活动。

不过，陆生植物制造的氧气的历史非常短，只有几亿年，它们对地球氧气的贡献是锦上添花，而真正从零起步制造氧气的，是寄居于海洋中的藻类，它们通过一种叫做叶绿素的细胞间复杂的分子的运动，逐渐地把海洋中的二氧化碳转换成了氧气，地球上的氧气全部都是从绿色毛孔中分泌出来的。这种分泌持续了几十亿年，才让地球充满了自由氧。这个过程如此漫长，是因为地球上存在着巨大的氧消耗，大量的无机物都在被氧化，至今海洋中还蕴藏着大量的氧化铁矿脉，相信有一个时期，地球上的海洋都被铁锈染成了红色，那是铁元素在呼吸。

很可能，寒武纪是一个收获氧气的时代，因为这个时候的氧气一定是生产大于消耗，当海洋充满氧气并持续稳定到一定的时间，使用氧气的大型动物才能没有后顾之忧地改变自己的形态去充分地利用更好的能源。这种能源使得一部分动物身体结构扩大并且功能增多，就好像有了汽油才有汽车一样，可以说，有氧才有生命的运动。

运动是寒武纪生命的重要进步，就像新司机刚刚上路，寒武纪的祖先们动作都很慢，它们小心翼翼，笨拙但绝对拥有了前所未有的自由。

大爆炸距离现在大约是5亿年，在这之后生命进化的效率应该是很高的，因此一个星球的生命能否缩短它进化的历程,关键是看多细胞生命诞生的时间表。当然,寒武纪的地层还隐藏着许多的秘密需要去思考,但首先我们应该感谢它,因为如果某种现在还不知道的因素再推迟生物大爆炸的启动,那么,我们的命运也许就是另一个样子。

太阳终究不是永恒的能源,庆幸地球在5亿年前启动了多细胞生命的进化,使我们对太阳没有任何危机感,然而,太阳毕竟在燃烧中衰老,它的氢不断地变成氦,最终,随着核心温度的增加,氦原子核将会再度突破电磁力的屏障而碰撞,发生新的核聚变。

根据太阳的质量计算,在大约40亿年之后,太阳的氦聚变将开始启动,这就是说,在太阳的核心,又诞生了一个新太阳,而这个温度更高的太阳会把外面温度低的太阳推出去,它的体积将会因此而膨胀100万倍以上,宇宙中恒星在衰老的时候将会显得非常辉煌,但这种辉煌将毁灭地球,恒星的临近熄灭不仅不会减少热能,恰恰相反,100亿岁的太阳将会把几亿千米的范围都变成火海,地球的一切生态构成都将崩溃,并最终被它吞噬。

太阳只有两次核聚变,90亿年的氢聚变和大约10亿年的氦聚变,当氦燃烧完的时候,太阳的引力会继续塌缩而且将没有抵抗,此时,它的力结构将会出现一些不稳定而喷出一些外围的物质,然后这些物质会形成艳丽的光环,在宇宙中有许多这样的气体光环,这些都是类似我们的太阳这样的恒星的死亡符号,如果它们之中有被孕育过的生命,不知它们有没有足够的时间进化到智能,并且在它死亡之前寻找到新的居住地,幸运的是,人类有至少40亿年的时间来做准备。

死亡太阳的大部分的物质依然被引力牢牢控制着,但因为引力不足以引发比氦元素更重的碳元素的核聚变,所以这颗星球只有忍受塌缩,成为一颗和地球直径差不多但比地球重几十万倍的白矮星。尽管它模样改变了,但它的引力仍然能够控制太阳系剩下的天体。

在宇宙中,恒星的分类是按照它们死亡的方式,一类像太阳这样,最终安静地成为白矮星,另一类是比太阳大8倍以上的恒星,它们的死亡是爆炸。恒星越大,寿命就越急剧地缩短,质量差3倍,寿命就差750倍,也就是说,一个比我们的太阳大3倍的恒星,它的寿命就只有1 300万年,所以,生命的进化是不可能托付给大恒星的。但是,宇宙的物质的丰富和流动,却全靠它们。

宇宙在过去有过一个非常单调的开端,只有氢元素和少量的氦元素,然而宇宙在成长,而成长的标志就是重元素的增加,这种增加使宇宙越来越丰富,宇宙的所有的奇迹,都是在有了完整的元素制造之后。而制造元素,就是把

氢元素以不同的数目聚合，而完成所有元素的聚合的场所，就是拥有巨大引力的大恒星。

从丰富物质角度来说，大恒星是宇宙中的精品，它们不仅能生产所有的元素，而且由于恒星越大，寿命越短，因此周期也短，所以，恒星的巨无霸是宇宙制造元素效率最高的工厂。不过，宇宙中最大的恒星的质量极限是100个太阳，如果再大，就会因为自身的核反应过猛而解体。

引力制造元素，但也束缚元素，小恒星大约能制造出十来种元素，但这些元素最终不能在宇宙中流动。

大恒星能制造更多的元素，一般超过太阳质量8倍以上的恒星就能使聚变一往无前，其核心达到几十亿度的高温不断地创造不可思议的聚变，每次聚变所产生的能量都使恒星膨胀得更大一些，于是它就像洋葱一样形成令人吃惊的多层核聚变的巨大空间，这个空间可以达到100亿千米，装下整个的太阳系。

在聚变深入的过程中，恒星变得越来越危险了，因为元素越重，聚变提供的能量越少，而巨大的恒星又必须靠不断释放的核能支撑，然而，当聚变到排列第27位的铁元素时，摇摇欲坠的恒星遭受到最致命的破坏——因为铁元素的结构极其稳定，它在聚变时不释放能量，于是，巨大而膨胀的恒星将会因核心失去支撑而倒塌。

因此恒星粉碎性的爆炸，能量的狂飙扫荡天庭，这就是超新星爆发。此刻它的能量相当于正常恒星的100亿倍，在这个超能量的瞬间，宇宙中所有的元素都被聚变出来了。

像金银这类重元素，就是在超新星的爆炸中诞生的，当我们佩戴它们时，要记住宇宙制造高档产品确实是代价很高，它需要报废一颗至少比太阳大8倍以上的恒星，才能使我们披金戴银。

超新星的爆炸使物质摆脱了引力的束缚，但铁元素的核却坠入引力的深渊，巨大的塌方把电子都压进了质子，于是质子全变成了中子，而中子之间没有电磁力的排斥，原子核可以相互紧紧地挨在一起，这就形成了最致密的物质——中子星，它一立方厘米的质量能达到10亿吨，而它的引力强大到让光都要成抛物线才能挣脱。

把一个几百万千米直径的物体压缩成只有30千米的直径，就是中子星，而同时被压缩的还有磁场，这是一个匪夷所思的超高能核电站，它可以把表面附着的电子像高压水柱一样喷射出去，它们所具有的强烈的方向性可以成为宇宙定位的灯塔。十几年前,人类寻访外星生命的一艘飞行器上所携带的人类的自我介绍,就是用多颗中子星为地球做定位。

一些大的超新星爆炸之后,将会产生引力的奇迹——黑洞,巨大的引力把物质化为无形,因为连光都要被吸回它的表面,如果把地球压缩成一个核桃,就是黑洞,因为地球其实是一个强力和电磁力支撑的物体,如果把原子核都毁灭了,地球就将成为几厘米直径的浓缩引力的载体,黑洞的存在已经被证实。

超新星是宇宙中4种力配合的杰作,它们共同建造一个巨大的原子锅炉,然后以锅炉的崩溃所激发的能量完成所有元素的制造,并且在最后的瞬间把元素都彻底地抛洒出去,正因为有这种抛洒,物质才有可能演化,否则,就像有钱不去投资,再多的财富也将没有任何意义。恒星以自身的毁灭造就了宇宙中最伟大的新生。

在超新星的物质弥漫之后,引力将会再次把这些物质凝聚成天体,大的塌缩成恒星,小的形成行星,如果这颗恒星有较长的寿命,而它的周围有若干合适的行星围绕,那么这个长寿的核能和比较靠近它的行星上丰富的宇宙元素的光和热交流,就可能最终产生宇宙中最复杂的物质形态——生命。

不过,恒星远不是一颗完全慈善的能源,它是核能而不是简单的火炉,它的光辉中有一半以上都对生命有严厉的伤害,一些高能射线会破坏生命的分子结构,因此,生命必须生存在一颗既能得到恒星的能量,又能排除它的伤害的星球上。

这就要求行星有一个气体的外壳,因为气体分子所产生的振荡,可以把许多高能射线拦截住。

太阳系一共有9颗行星,其中有4颗巨大的行星,它们都是气体的,这证明宇宙中星球越大,气体越多,因为气体是宇宙的主要物质,但又是活跃的物质,星球小了就抓不住它们。

于是,尽管像水星这样的重元素的星球已经在一颗非常好的恒星的附近,但它质量太小,因而抓不住任何气体,所以就不能对恒星的光辉有所筛选,因此在水星这样光秃秃的星球上,生命将遭到无情的杀戮。

火星比水星要大一些,它有一层极为稀薄的大气层,但是在火星上生命依然不能裸露,因为这层大气不能阻挡肉眼看不见的高能射线对地表的轰击,我们看到的火星的橙色天空,其实是一个假象,这不是大气,而是被风刮到天上的尘埃,由于火星引力小、自转快,所以风特别大,如果这些尘埃落地,火星

的天空就是黑暗的。目前火星上没有任何确证为生命的信息。

在岩石行星中只有金星和地球非常的相似,它在这个位置,似乎就是宇宙让生命在太阳系的孕育有一个双保险。金星的质量只略比地球轻一点,因此它的物理条件几乎和地球完全相同。当然,它有足够的大气层,但是,令人困惑的是,金星没有蓝天,而是二氧化碳加硫酸的浓雾,它的温室效应制造了一个普遍达到500℃的高温世界,非常遗憾,金星没有成为另一个生命的摇篮。金星的状态表明,一个和地球相似的星球也不一定有生命。

因为太阳对生命的威胁不仅在它的光和射线中,它本身还是一个高温的等离子旋转体,它会产生极强的磁场,在太阳附近的行星都在这个磁场的笼罩之下,这个磁场将会把一些带电的粒子像风暴般甩出来,形成太阳风,由于它们能量极高,将会穿透大气层杀戮生命。

对付带电粒子,则需要一个磁场,而磁场的产生要靠星球的内部热核和自身的旋转,在岩石行星中,火星内部的热核不够大,金星有足够大的热核,但自转太慢,因此它们几乎没有磁场,只有地球同时具备足够大的热核和较快的自转,从而形成了完整的磁场,这个磁场使太阳风无法侵入地球表面,或许,这就是地球优越于金星的原因。

不过,生命在地球上诞生,并不说明地球早期的环境多么好,而大气层和磁场也不会自动地把地球变成天堂,实际上,地球的美丽要靠生命的拓荒,早期地球的二氧化碳比今天多20万倍,也有严重的温室效应,但生命却把二氧化碳当作食物吃掉了,把地球从远古地狱般的情形改造成蓝天白云,二氧化碳变成了它们的尸骨,今天就混合在这些碳酸钙组成的山体当中,被它们自己制造的湿润的气候切割成喀斯特地貌。实际上,动物的骨骼里面融入的碳酸钙,都是固化的二氧化碳,它们也是另一种形式的喀斯特风景。地球可以说是一个非常出色的处理二氧化碳的生态工厂。

如果把金星放在地球的位置上,也许会和地球一样幸运,然而它今天就像一个火窑,没有生命的大气层反而是一个更大的灾难。由此也许证明,生命能够忍受极为苛刻的星球地表环境,却对来自太阳的能量非常挑剔。而正是这种挑剔,使得即便在地球这样完美的行星上,生命大部分的时间也都躲在海洋里,对陆地望而却步,和40亿年的海洋的生命史比起来,陆地的生命史只有4亿年左右。

如果说海洋动物登上陆地历史不长,是由于生物大爆炸在5亿年前才发生,是可以理解的,但植物也很晚才来到陆地,这似乎就不好理解了。一种解释是这仍然是因为氧气,氧气所形成的臭氧层能屏蔽可以穿透其他气体的紫外线,有了臭氧层,生命才能离开能防护紫外线的海水在陆地上直接面对太阳。地球大约在4亿年前形成了臭氧层,于是生命就在这个时候大规模地转移到陆地。

陆地和海洋的进化衔接,可以用今天仍然活着的古老的总鳍鱼来演示,一个纯粹的深海鱼类,却长着类似陆地动物的腿,显然,当时有很多鱼用腿走上了陆地,而这条鱼的祖先因为勇气不够又退回去了,我们就是那些勇往直前者的后代。我们身体中,都是勇敢者的基因。

不过,生命真正的登陆,不只是靠鱼长腿,还依赖于地球核心的动力,因为生命星球上充满水分的气候,必然要侵蚀地貌,如果没有造山的机制,那么地球上有过的山脉早就被磨平了,平地就意味着没有河流。而没有河流的陆地,生命是不可能深入的。然而地球有一个造山的发动机,这就是转动的热核,核心的岩浆通过层层地漫向上传导热量,由它引发的造山运动从来没有停止,这种造山运动几乎每隔1亿年就把地球的面貌彻底地修改一次。最近的一次最大规模的造山运动,离我们只有4千万年,它造就了地球上最高的喜玛拉雅山脉和辽阔的青藏高原,同时也影响了至少半个地球的生态和人类文明的布局。

地球上的山脉和河流都是年轻的,生命的气候对地球表面的磨损要求地球不停地去修复,保持地表上永远的高低不平,从而使生命在使用地球的陆地之后,还能享受到由河流所贯穿的通向陆地深处的生物链,我们的地球在四十多亿岁的高龄,依旧蕴藏着沧海桑田的生机。

从地心传递的整个地球的活力对生命的存在、进化,都有着其他和我们类似的星球不可比拟的优势,金星上也有高山,甚至比地球上的山脉还高,但它们是几十亿年前形成的,只是气候干燥没有被磨损掉,其他的岩石行星也都是这种苍老,不知这是一种巧合,还是必然,总之一个没有生命存在的星球,它的表面物理动态也近乎于停滞。

地球的活力不只是制造山脉和河流,它甚至改变整个大陆的形状,当地心的热核一旦觉得热散得不舒服,就会把陆地拱开,就像一个婴儿踢被子一样,这个踢的过程,就是大陆漂移,在最近的两亿多年中,在远古地球的大陆曾经是3块,在1亿年前合成一块,接着又分开成今天这样。

这种漂移不管是分,是合,都给生命的进化模式带来巨大的影响,今天的大陆,据考察是自有生命登陆以来板块分割得最多的状态,而每块大陆显然都有不同的生物种类,实际上,由孤立导致的生物多样性似乎比其他因素导致的多样性更加明显,而我们的祖先——灵长类,就是在大约6 000万年前,相继在大陆板块相互漂移得最远的时候诞生的。

地球充满活力,是因为地球在旋转,这种旋转保护生命自远古存在并一直推动生物进化到智能文明,但是,今天的智能文明,却并不需要地球旋转得太快,因为过快的旋转所引发的太多的地震、火山或者狂风都会给人类带来灾害。

我们运气很好,地球有一颗卫星——月亮,它的质量只有地球的八十分之一,但它的引力足以成为一个给地球这个转轮安置的无形刹车,不断给地球的自转减速,在以往的四十多亿年里,月球至少使地球自转速度减慢了一半,而月球也随着地球的转速减慢放松了对它的束缚,逐渐离地球远去,远到当人类出现之后,从地球上看它的表面直径和太阳的表面直径正好吻合,这给人类观测太阳的活动规律带来极大的方便。

由月球造成的海洋潮汐每时每刻都抚摸着陆地,正是这个把小小贝壳推动的力量,亿万年来,亿万次的摩擦,终于使地球的转速逐渐从每天10个小时的昼夜交替减慢成24个小时。

月亮留给我们足够做美梦的温馨长夜,它赠给人类最珍贵的礼物是地球有史以来最稳定的地壳。月球离地球只有38万千米,因此人类可以看到它的表面轮廓,但无论人们怎样想象月球上的神话,月球却是一颗死星球,月球和地球在同样的距离得到太阳的光辉,然而由于月球比地球小得多,它们的命运就完全不同。

但宇宙是复杂的,像月球这样的小天体如果遇到一些特殊的外在条件,它们的表面会发生难以想象的事情,在太阳系大行星的周围,有很多类似月球这样的卫星,它们虽然离太阳很远,但却由于它们靠近引力巨大的大行星,于是它们出现了和我们的月亮完全不同的情况。

木星是太阳系最大的行星,质量比地球大三百多倍,拥有16颗卫星,其中有4颗和月亮差不多大,它们应该和月亮的表面状态相似,但情况完全不同。其中的木卫1离木星最近,于是,木星的巨大引力搅动了它内部的热能,这些热能源源不断地从核心喷出,形成火山,火山的岩浆早已多次覆盖了这颗星球的表面,从现在的情形看,火山依然在猛烈地喷发,不知道它已经喷了多少岁月和将要再喷多久,然而,一个天体上有复杂的物理和化学动态,对于我们研究生命起源是非常宝贵的。

而木卫2则是一个在-170℃的寒冷太空中居然可能拥有液态水的天体

——外面是冰,里面是水,它的冰层有被木星潮汐力撕扯后重新冻结的痕迹,这也许可以证明除了核聚变能以外,引力能也可以创造液态水,那么这也许意味着在远离恒星的地方也会有生命,因为液态水被认为是生命存在的最直接的条件。

木星的成分基本都是氢气,超新星制造的重元素在宇宙所占的比重毕竟很少,所以大部分还都是像氢气这样的古老物质。土星是最典型的氢气的产品,因为它的比重比水还轻,但它的美丽的光环却是重元素,土星的光环基本上是由岩石和冰块组成,巨大的土星和它的稀薄的光环的物质比例,大概就代表了太阳系里宇宙的原始物质和超新星制造的重元素之间的比例关系。

冥王星是太阳系中最远也是最小的行星,却使我们对它充满兴趣,它和一个叫做查戎的卫星相互围绕旋转,当它们的轨道靠近太阳时,在它们引力相交的空间,会出现一些蒸发的气体,光谱分析可能是有机物质,也许,这个小小的怪诞的另类天体,会给生命的地外存在和起源带来新的解释。

在太阳系的外缘,还飘荡着几万亿颗脏雪球——彗星,它们在更加遥远的空间围绕太阳缓缓旋转,但有时其中的某些个体会脱离原有的轨道,向太阳冲去,其中的大多数我们不知道它们什么时候会冲到什么地方,因为它们经过大行星的轨道时常常被改变方向,由于太阳系的大行星很多,所以地球作为小质量的星球就有它不招惹是非的好处,可以尽量避免对彗星的影响,减少发生在自己身上的碰撞。

1994年人们目睹了彗、木相撞的壮观场面,21块直径10千米左右的碎片连续在木星上爆炸,这种撞击的力度的每一下,据计算,都可以使地球的生态链崩溃。

有人说,恐龙时代就是因为彗星撞击地球而结束的。但是,恐龙的灭绝并不是一瞬间,从第一批恐龙的死亡到最后一个恐龙种族倒下,其间经历了上千万年,而且即便有重大的灾变,也是地球上所有的生灵都在劫难逃,所以任何偶然事件都难以解释在各个角落都统治着地球的人型动物的彻底灭绝,但天体撞击事件依然是很多人愿意接受的地外因素对地球生命的一种干涉,不过也有观点认为恐龙帝国是被花朵埋葬的。

恐龙有巨大的身躯,它们的食量很大而食谱却非常单调,它们吃的是靠孢子繁殖的不会开花的低级植物,而当更具竞争力的拥有花这种新的繁殖器官的植物把恐龙喜欢的食物逐渐挤出了大地时,固执的恐龙只能在繁花似锦的新世纪忍饥挨饿。当然,不能说,花是恐龙的唯一杀手,但它们肯定比恐龙喜欢吃的植物更有生存的竞争优势。今天,我们还能在热带雨林的角落里偶然看到不会开花的孤零零的恐龙时代的蕨类植物,我们应该庆幸它们的脆弱,否则吃得饱饱的恐龙,也许今天还会漫步在我们的星球上,那人类也许永无出头之日了。

总之,我们的确更应该感谢大行星们的引力保护伞,我们幸存到今天和它们的存在是有关系的。

其实,对生命而言,最危险的是和其他恒星为邻,虽然能够成为超新星的大恒星并不多,但宇宙中成双结对的恒星却很多,当这些双星中的一颗成为白矮星,而另一颗恒星又演化为膨胀的红巨星时,就可能出现白矮星把进入自己引力范围的红巨星的物质吸到自己的表面,当吸到一定的临界点,白矮星将会整体作为一颗核弹爆炸。这种爆炸所穿透的宇宙空间和造成的破坏是难以估量的。

幸好,我们很孤独,我们存在的位置离其他的恒星很远,离最近的恒星也有40万亿千米,这种孤独导致我们很晚才能看清恒星也是动的,并使人类一直推迟到500年前才发现地球不是宇宙的中心,使哥白尼临终前才哆哆嗦嗦地发表他的日心说。可以说,由于看不清天上的星辰,人类在黑暗中摸索了很长时间,但,为了给地球生命创造40亿年的安全空间,我们宁愿人类的文明进程走一些弯路。

今天,人类真正在大尺度上了解了自己在宇宙中的位置,现在我们知道,我们肉眼看到的满天星辰都和我们的太阳一样,共同属于一个巨大的物质集团,叫银河系,星系是太阳们的摇篮,也是它们的墓穴。或者说,星系也是一个巨大的核工业体系,亿万颗恒星在这里聚变和生产元素,物质就在这个存在着巨大引力资源的地方生生灭灭地循环,包括生命所需要的所有原料、技术程序,都在这儿完成。

银河系有4条物质格外稠密的悬臂,我们的太阳系以每秒250千米的速度在悬臂中穿行,大约2亿5千万年转一圈,这其中,它平均6千万年在悬臂中,8千万年在悬臂外,恐龙是在悬臂外灭绝的,而我们在悬臂中诞生,这或许让我们对悬臂充满好感。

我们在银河的赤道圆盘上旋转,这使我们正好看到银河系最稠密的那个角度,这对我们观察这个星系的确不方便,但也许正因为这样,使那些危险的星际大爆炸由于被恒星们相互遮挡而减少了一些呢!

事实是,近400年来,也就是在人类有了望远镜以来,尽管在宇宙中发现了几百颗超新星,但却从没有发现过自己星系里的超新星,的确这个概率不正常,不过,在古代人类却看到过银河系的超新星,其中最著名的是公元1054

年由中国宋朝天文官员记录的那颗,当时它照耀了22天,到今天经过将近1 000年的扩散,已经成为一朵美丽的蟹状星云,它的高能射线是否激发了古人的灵感还不能肯定,但中国人的确在那个时期完成了包括指南针在内的四大发明。

星系并不是宇宙最大的物质集团,它们有更大的组织,我们的银河系就同大约20多个星系组合在一起,组成一个大星系团,在这个星系团中,银河系和仙女座星系是其中的最大的两个星系,它们各有几千亿颗恒星,相距3 000万光年,就是说每秒30万千米的光,在它们之间旅行一趟都要3 000万年。

在星系之外,似乎有无穷的星系,目前观测到最远的星系离我们有一百三十多亿光年。

但人类看到的宇宙依然是有限的,然而,人类惊异地发现,即便没看到整个的宇宙,也能判断宇宙究竟有多大,在干什么。

人们依据的是多普勒原理,声音会在运动方向不同时发生变化,高亢代表靠近,低沉就是离远。

光也是一种波,因此也有这个特征,只不过光是以颜色来表现:当一个天体向我们运动时,光谱中的颜色向蓝色端移动,而反之,颜色向红色端移动。

一个叫做哈勃的美国人,发现了所有的星系的光谱的共性,这就是在大尺度上,光谱都无一例外地向红端移动,于是,他宣布,相互远离是宇宙的基本运动,宇宙像气球一样在膨胀。

发现宇宙在长大,其实也就是发现了宇宙曾经很小,并且也能判断它的年龄,爱因斯坦的相对论则论证,宇宙的全部物质大约在150亿年前全部浓缩在一个无限高温的奇点中。

现在,人类能证明宇宙开始于一个大爆炸,然而人类更确信的是,一个对万有引力特别优惠的宇宙,必须从一个大爆炸开始,一切才能有秩序。

人类计算出的爆炸大约在150亿年前,一个温度高得不可思议的能量奇点突然爆裂,在它的瞬间的膨胀中,温度开始下降,能量演化出物质,包括所有的基本粒子和4种力,在这个过程中,唯一不受限制的引力一直收缩,而膨胀的宇宙力量就抗拒着这种收缩,从而使物质渡过了极危险的阶段,也就是从引力的魔爪下逃生的阶段。

正由于大爆炸和引力的抗衡,物质才被和谐地分布在宇宙的各个角落,如果没有这个爆炸的原动力,宇宙将无法支撑起一个结构,引力将毁灭一切。因此,我们的宇宙必须膨胀,所有物质力量刚好在一种恰到好处的抗衡中实现最

充分的物质演化,这是一个真正充满公平、公正的奥林匹克精神的宇宙。

人类的出现,可以说是最终实现了宇宙的物质向精神的飞越,由大爆炸推动的4种力的相互作用,导致了我们幸运地成为宇宙物质运动的最大受益者,拥有这样一个组合得非常完美的体态。

人类的最终诞生,是我们星球上最重要的一件事,也许,这也是宇宙中最重要的一件事情,人类进化证明了40亿年的生命史为人类的出现做了全部生理上的准备,而这一进程的最后冲刺大约开始于500万年前,这时,有一些灵长类放弃了动物的本能而以智能的方式去求生存,这当中,许多尝试都遭到惨败,那些介乎于人和灵长类之间过渡状态的生物灭绝了很多,但,我们的祖先仍旧义无反顾地踏着失败者的尸骨前进,它们坚持用工具代替生理器官来使自己生活得更好,而工具的使用使它们的口腔逐渐地精致,并最终进化出了语言,显示了一个可以相互说话的动物在这颗星球上一定是最终的成功者。

人类的大脑这个超级信息处理器是目前宇宙中最完美的智能结构,到现在为止,人类对自己大脑的了解,还只是初级阶段,宇宙赠给我们的东西似乎很超前,以致于人类甚至还没有来得及在生理上做好接受的准备。

脑容量的快速增加显然给人类的生育带来很大的痛苦,人类的分娩因为婴儿的头颅太大而在哺乳动物中是最艰难的。智能生命和生理器官的不匹配,几乎完全是由人类的女性默默地忍辱负重地承受了,或者说,人类的进步,是因为我们有坚强的母亲。

人类已经生活在一个快速节奏的现代文明之中,智能生命比以往任何时刻都展示出更优秀的生存风采,正是这种不断趋于完善的智能文明的社会结构,使人类赢得了整个星球,并且正进入对地球以外空间的开发时代。

人类已经飞向其他星球,显然,人类把智能生命的崇高使命和对宇宙的不断进取联系在一起,也许,不久太阳系就会注入更多的智能生命的标识,但我们用传统的时空概念不能想象可以到太阳系以外的区域活动,因为离我们最近的恒星是4.3光年,大约40万亿千米,就连光单程跑一趟都要4年多,而我们现在发现的最远的星系是130亿光年,这些数据让我们对宇宙的浩瀚望而生畏。

然而超越了经典物理学的爱因斯坦用相对论告诉我们,宇宙的时空是可以改变的,一切的前提是因为宇宙中质量和能量以及速度可以转换,宇宙速度的极限是光速,就是每秒30万千米,也就是说,无论光在任何运动状态的物体上发出,它的速度都不会超过每秒30万千米,因此,当物体运动接近光速时,其他的物理条件就会发生变化,超越常识的不可思议的事情就会发生,物质的质量会变得无限大,而时间也会趋向无限慢,也就是时空会缩小。

在中国古代,有两位僧人有一个晦涩的对话。一位僧人问另一位僧人:天上的云在飞,是云动,还是风动?那位高僧回答,既不是云动,也不是风动,而是你的心动。

这里似乎就有相对论的宇宙观。

一般来说,电子以接近光速在围绕原子核运动,而决定时间刻度的是电子围绕的速率,其实不管是蠕动的蚂蚁还是飞驰的汽车,它们的原子核运动的速度相对于电子运动都可以忽略,对电子围绕原子核的运动没有任何影响,但是当原子核接近光速时,电子会逐渐达到它的速度极限而越转越慢,这就意味着电子的振荡变慢,生命是由电子控制的,因此生命过程将被延缓,时间自然变慢。

这就意味着人类可以通过提高速度使生命的进程变慢,如果我们能把一万年当作一天来过的话,宇宙旅行当然不在话下。人类长寿的秘诀,居然存在于速度之中。

宇宙,一个伟大物质演化的史诗,它以一个没有知觉的物质系统,创造了一个不可思议的能够理解它的生物。

从人类用笨拙的手在岩壁上用简单的图形记录自己的生活,到创造辉煌的史前文明,最后穿越中世纪的黑暗迎来科学的曙光,只用了几万年,今天,人类更加强大,这种强大连人类自己都为之振奋!

的确,宇宙已经把物质智能交给了我们,但是精神的道德准则却要靠我们自己来建设,否则,文明的级别越高,毁灭的概率也就越大,我们相信一个还拥有40亿年太阳光辉的智能生命,将不会辜负如此厚爱我们的宇宙。

  50亿年前宇宙诞生
  50亿年前太阳系诞生
  40亿年前生命诞生
  500万年前人类诞生
  400年前人类发现日心说
  公元2000年人类进入高度发达文明

到目前为止,人类是宇宙中唯一已知的智能生物。

日月交食和极光

> **极光**
> 是由于太阳带电粒子（太阳风）进入地球磁场,在地球南北两极附近地区的高空夜间出现的灿烂美丽的光辉。在南极称为南极光,在北极称为北极光。

太阳的辐射功率为4乘10的26次方瓦,这种能量是一切生命之源。根据太阳辐射功率,我们可以算出,太阳每秒钟有4万吨的物质转化为能量。太阳发射出从射电到X射线的各种波长的光和热。由氢原子转化为氦原子的热核反应使得太阳大气十分活跃。一种不易察觉的物质流从太阳喷发出来。这种物质流就是由带电粒子组成的太阳风。

太阳风在4天内吹到地球,但是太阳的带电粒子并不能到达地面,这是因为地球的磁场在地球周围形成磁层,它就像船头的弓形波那样将带电粒子偏转到地球的外层空间。通常,太阳风的速度为每秒400千米。而太阳喷发的速度可达每秒800千米,形成巨大的太阳风暴。

太阳风暴在地球上引起地磁暴,这种地磁暴对输电系统危害极大。太阳风暴还会导致卫星进入螺旋状态。一颗印度洋上的通信卫星的故障,可能导致全球股票交易中断。太阳物质抛射虽然不太常见,但它们的威力十分巨大。太阳抛射的物质冲向地球的磁层,磁层的形状发生异常变化,同时引发强烈的地磁暴。

在这些巨大的爆发之中,太阳持续喷射带电粒子流。由于地球的磁力线在地球的两极构成漏斗形状,这些带电粒子沿着地球的磁力线聚集于地球的南北极,到达离地面最近的地方。这时,人们可以欣赏到美丽的极光。

极光是带电粒子与地球大气相互作用发出的光辉。在卫星上观察到的北极光形状为椭圆形。发生在北极地区的极光叫北极光,发生在南极地区的极光就叫南极光。在地面上看极光,会将人们带入梦幻般的境界。带电粒子沿着磁力线旋转而下,它们与大气中氧和氮的原子和分子相碰撞,发出的辉光色彩斑斓,这就是极光!

当地球、月球和太阳位于一条线上时,我们还可以欣赏到另一类常见的天象。太阳在日、月、地组成的队列中扮演主要角色。古人对于此类天象充满了神秘感。当日、月、地排列成一条线时,阳光被月球或地球挡住了,形成了"日食"。比如,当地球位于太阳和月球之间时,地球投下的阴影罩住了月球,这就形成了"月食"。

在天文学上,我们把地球绕太阳旋转的轨道面称为黄道面。月球绕地球旋转的轨道面与黄道面之间有5°的夹角。在每隔27天的周期内,月球两次穿过黄道面。我们称月球穿过黄道面的两个点为交点。

假定阳光来自屏幕下方,只有当月球运动到一个交点时,才可能发生食。

假如太阳光来自屏幕左方,月球走进地球的影锥之中。月球面向太阳的一面是亮的。这时月全食发生,月亮变成红色。这是因为地球的大气能够挡住其他颜色的光,而只让红光折射到月球上。

然而,由于月球的轨道略为椭圆,这个日食不是全食。月球在它的轨道远地点,影锥不能到达地球。由于月球离地球太远,月面不能完全覆盖日面,因此在地球上看到的是环食。这种环食在火星上经常发生。现在月球离地球足够近,其影锥可以罩住地球了。

1999年8月的日食,能够见到日食的区域跨越欧洲直到黑海。在卫星上可以看到另一个日食路径。日食的影锥在地球表面上移动的最低速度为每小时2 000千米,而最快的时候可达到每小时6 000千米。1998年,当地球、月球和太阳排成一线时,日食影锥横穿南加勒比地区。来自世界各地的天文爱好者聚集在库拉索岛观测日全食。照相机、望远镜的镜头上装上了特殊的滤光片,以便安全地观测太阳。

当月球边缘通过日面时,云彩挡住了日食景象。现在天晴了。这样的偏食状态持续了一个半小时。双筒望远镜投影出一个娥眉状太阳。食甚就要到了,这是激动人心的时刻。日面被月球全部覆盖了。在这魔幻般的3分钟内,我们可以看到太阳的外层大气——日冕。

月球的半径只有太阳半径的四百分之一,而月球比太阳离地球近400倍。所以在地球上看到月面恰好盖住日面。由于日食,水星和木星在白天出现在天空。

来自太阳的风暴

> **太阳黑子**
>
> 是在太阳的光球层上发生的一种太阳活动,是太阳活动中最基本、最明显的。一般认为,太阳黑子实际上是太阳表面一种炽热气体的巨大漩涡,温度大约为4 500℃。因为比太阳的光球层表面温度要低1 000到2 000℃,所以看上去像一些深暗色的斑点。太阳黑子很少单独活动,常是成群出现。黑子的活动周期为11.2年,活跃时会对地球的磁场产生影响,主要是使地球南北极和赤道的大气环流作经向流动,从而造成恶劣天气,使气候转冷。严重时会对各类电子产品和电器造成损害。

过去的35亿年的绝大部分时间中,地球都在平静地享受着太阳带来的恩泽。但太阳毕竟是一个炙热的气体球。高温烘烤使得它的外层气体总处于活跃的不稳定状态。它还有一个总在变化的磁场,这个不断扭曲的磁场加剧了表层的不稳定性,最终会像对待一块轻薄的铁片一样,把太阳的表层状态扰乱得毫不规则,一些区域的能量因此而被压制低落,温度降低呈现黑色,并以太阳黑子的面目出现。而太阳内部不断进行的核反应所产生的能量,又会和受到的压制抗争,并最终以耀斑的形式爆发。科学家们发现,这个过程呈现出一定的周期性,每11年半太阳就会迎来一次黑子高峰年,而今年正处于第23个高峰年。

2001年3月,人类观察到了25年来面积最大的太阳黑子和10年来最亮的耀斑,这意味着太阳能量的又一次突然爆发。能量的爆发以电磁辐射和带电粒子的形式出现。地球和其他行星面临强烈的辐射,并将遭受太阳粒子的猛烈冲击。

耀斑产生后,最先到达地球的是以光速传播的X光或紫外线,它们仅用了8分钟。地球电离层首当其冲受到影响。太阳辐射能的增强,加速了电离层中氧氮分子的电离过程,无线电波非但不能被正常反射,反而被增加的电子所吸收。4月的X射线爆发时,正值我国广大地区的正午前后,它对正在发送的电波信号带来较大影响。全国各地区的高频通信中断两个小时。厚厚的大气层遮蔽住继续前进的射线,使得太阳辐射到达地面以前能量已损耗殆尽,不会给人类带来影响。

十几个小时后,速度稍慢的带电粒子也到达地球,暴露在外层空间的人造卫星受到高能粒子的猛烈轰击,这使得卫星的寿命大大缩短,"风云二号B"气象卫星曾因此而提前报废。幸好我们的地球还有较强的磁场保护,在地磁场的作用下带电粒子被迫偏转奔向他处。但能量巨大的粒子群会以巨大的推动力反作用于地磁场,甚至使地磁场变形,产生所谓的磁暴现象。即便如此,也会有一部分高能粒子逃过地球磁场的防御,在和大气层的撞击中耗尽动能,以壮丽的极光结束它们的生命。磁暴期间,由于地磁场的正常状态被破坏,因此任何利用地磁场进行作业的领域,如探矿、导航、航天测量都将受到干扰。

没有大气层保护的太空飞行,可能会面对太阳风暴的辐射和轰击,人类探索太空的梦想也将因此而受阻。更何况,地面上的活动已经受到这样的威胁。

人类渴望能像对地球上天气的预报一样,实现对外层空间的天气预报。20世纪90年代末,一门全新的学科——空间天气学正在形成。气象预报着眼于距地几十千米的大气对流层的分析,而空间天气学关注的是对流层以上日、地空间的环境变化。

尽管人类已经积累摸透了太阳黑子出现的长期规律,但对于黑子和耀斑爆发时间的精确判断还具有相当大的难度,目前的预报主要着眼于耀斑发生后的结果。

对于耀斑喷射的速度较慢的带电粒子,漫漫空间路途的阻隔给科学家们留出了宝贵的十几个小时。2001年4月,科学家们多次准确预测出耀斑喷发粒子的类型以及到达地球的时间,电信部门据此改变电波频率,躲开易被吸收的频率段,减少了损失。

人类花了半个世纪的时间,摆脱了大气的遮蔽,在外太空建立太阳空间望远镜和实验室,完成对太阳的观测和研究。今天的科学家们倡议,联合世界各地数千个太阳观测站加速对太阳的研究,因为它对于人类未来生存空间的延伸和对宇宙的认识有着至关重要的作用。

五星连珠

> **五星连珠**
>
> 五大行星中,金星、火星、土星出现在西方的地平线上,木星则悬挂在和地平线呈30度角的天空上,而水星也正在逐渐靠拢。五大行星将按照水、金、火、木、土依次排列,由高到低连成一条线,古时称为"五星连珠"。由于五颗星都是大行星,亮度较高,人们用肉眼就可以清晰地看到。

五星连珠这一几十年才能经历一次的天文奇观在2002年4月20日到5月5日出现,我们地球上的人有幸能用肉眼目睹这一现象。

五星连珠就是太阳系中的水、金、火、木、土这五大行星在各自运行的过程中,汇聚在太阳系中的一个小区域范围内,人们把这种天文现象称为"五星连珠"。而这五大行星又有各自的特点,水星是离太阳最近的一颗行星;金星由于它的大小质量和地球差不多,被称为地球的孪生姐妹;火星这颗红色的星球有跟地球相仿的昼夜和四季;木星是九大行星中质量最大的一颗行星;赤道面上缠绕着一个美丽光环的土星,像一顶宽沿草帽。

当这5颗行星都在它们轨道中运动到跟地球看上去处在同一方向的时候,正好这些远近参差不齐的星球都投影在天球上一个小的天球范围之内,看起来好像都扎堆在一起。实际上,它们彼此之间的距离还远得很呢!

五星连珠是一种比较罕见的天文现象,因为水星离太阳最近,平时处于太阳的光芒之下不容易观察到。这一次,不仅其他4颗行星都比较靠近水星所在的方向,而且,4月20日到5月之间,正好是水星在运行轨道上距离太阳最远的位置,所以人们能够完整地看到这5颗行星。

另外,我们知道,太阳系中的九大行星都在围绕太阳做周期性转动,它们距离地球的远近各不一样,围绕太阳转动的周期也不同,比如火星为687天,木星4 333天,水星88天,金星288天,土星10 759天。有的天文学家把这种行星连珠比作高速公路上的汽车,就像有时几辆不同汽车的排列,会有"横看成岭侧成峰"的效果一样。对于处在浩瀚宇宙中的行星来说,这种几率是非常小的,也就是说它们之间的会面是几十年才有一次的。

其实"五星连珠"的天文现象在很早以前就引起了人们的注意。在我国的《史记》中就有:"(前206年)西汉元年冬十月,五星聚于东井,沛公至霸上"的记载。因为五星连珠被古人认为是祥瑞之兆,所以历史上发生过的五星连珠现象在我们的史册里几乎都有记载。许多天文学家根据史书上对五星连珠的记载,推算出了出现这种天文现象的准确时间,这一推算已经精确到了具体的年份、月份和日子。

有人曾传言,行星的某种排列将会给地球及人类带来灾难,比如会引起火山、地震、海啸等。果真如此吗?

其实它们吸引地球的力量是微乎其微的,它们对地球起潮只相当于月球起潮力的十万分之六。十万分之六是意味着什么呢?就是说行星拉地球引起来的潮汐,给潮汐的贡献的力量结果是0.04毫米,这样的影响力是可以忽略不计。

天文学家还介绍说,5月4、5日是最佳观测时间。实际上,行星在不同位置的排列,和其他比如日食、月食、流星雨等现象对于浩瀚的宇宙来说,不过是很普通的天象;虽然对于人类来说,这些现象难得一见,但事实上,它们都不会给人类带来危害。

与小行星亲密接触

> **小行星**
> 是太阳系内类似行星环绕太阳运动,但体积和质量比行星小得多的天体。太阳系中大部分小行星的运行轨道在火星和木星之间,称为小行星带。另外,在海王星以外也分布有小行星,这片地带称为柯伊伯带(Kuiper Belt)。

52万千米对我们来说是一个相当遥远的距离,而在天文尺度上它就像一对亲密恋人之间的缝隙。8月19日一颗小行星将在距地球52万千米处窥视一番,旋即转身离去。

近期小行星频繁光顾地球:从2002年1月至今,已有3颗小行星与地球做过亲密接触,其中一颗小行星在飞离地球后才被发现,人们暗自庆幸地擦去一头冷汗。

2002年1月,一个直径300米的小行星从距地球83千米处与地球擦肩而过;2002年3月一颗小行星在飞离地球后才被发现;2002年6月一个足球场大小的小行星从地球身边掠过。这些不速之客的拜访让地球上的人们着实吃了一惊,担心恐龙遭遇的灾难会再一次重演。

飞来横祸

6 500万年前,一颗直径十几千米的小行星撞上了地球,有些科学家认为这是造成包括恐龙在内的多种生物灭绝的原因。

在太阳系的演化史的早期,碰撞是非常频繁的事情。我们只要看看月亮就知道了。由于没有空气和水的侵蚀,撞击痕迹都被保留了下来。

地球并不比月球幸运,虽然看上去它不像月球那样满目疮痍,但在地球形成后的46亿年里,也屡遭天外来客的袭击,弄得伤痕累累。随着时间的流逝,地质作用抚平了大多数伤口,只有少数留存了下来。而人类有切肤之痛的是1908年,一颗小行星在西伯利亚通古斯爆炸,摧毁了2 000平方千米的森林。

让人提心吊胆的小行星到底来自何方呢?

天地大冲撞

小行星是指那些像地球一样有固定的轨道、围绕太阳运转的天体,由于体积小而被称为小行星。

自1801年发现第一颗小行星到现在,人类已观测到的小行星有37.5万颗,大部分分布于火星和木星之间的小行星带。

如果两颗小行星发生了碰撞,很有可能它们的轨道就跟原来不一样了,就会窜到地球轨道附近。还有另外一种可能,如果一颗小行星走到了木星附近,受到木星强大引力的干扰,也会改变原来的围绕着太阳的圆轨道。

杞人忧天

不久前,一颗名为2002NT7的小行星闹得沸沸扬扬,仿佛危险就在眼前了,后来被证实是虚惊一场。

小行星撞上地球的概率只有两万分之一,远远低于车祸(1%)和触电(五千分之一)的概率。能造成全球性灾难的小行星,直径要超过1千米,而这样的撞击要隔数千万年才会出现一次。

虽然有许多不速之客虎视眈眈地在地球周围游荡,但还没有发现有威胁的小行星,过分的担心就是杞人忧天了。

假若危险来临

我们还不能高枕无忧,没有发现的潜在威胁依然存在。如何应对呢?

人类曾经想过利用核爆炸把小行星打碎,后来发现实际情况并不像开始想的那么简单。如果能很早地发现它,也许可以用很小的能量,稍微改变一下它的轨道,使得它经过很长时间的运行以后,它的轨道发生比较大的变化。

目前我们对这些不速之客还束手无策,最有益的做法是尽早发现并确定近地小行星的轨道,争取时间。这是一场人类与小行星间的时间赛跑。

火红的诱惑

> **火星**
> 是太阳系由内往外数的第四颗行星，属于类地行星，直径为地球的一半，自转轴倾角、自转周期相近，公转一周则花地球两倍的时间。在西方称为战神玛尔斯，中国则称为"荧惑"。橘红色外表是因为地表的赤铁矿（氧化铁）。火星基本上是沙漠行星，地表沙丘、砾石遍布，没有稳定的液态水体。二氧化碳为主的大气既稀薄又寒冷，沙尘悬浮其中，常有尘暴发生。火星两极皆有水冰与干冰组成的极冠，会随着季节消长。

进入6月，火星就像它的名字一样，再次为人们燃起找寻地外生命的希望之火。这时火星将运行到6万年来距离地球最近的位置——5 576万千米，这大约是太阳与地球之间距离的1/3。

宇航专家们当然不会错过这个与火星亲密接触的好机会。6月3日，耗资3亿欧元的欧洲宇航局第一个火星探测器在哈萨克斯坦发射升空。这部定名为"火星快车"的探测器重2吨，它将在6个月的星际远航之后进入火星周围的运行轨道。到时候，它携带的英国科学家研制的"小猎犬-2"登陆器将与探测器分离，计划在12月25日圣诞节这天降落在火星表面。"小猎犬-2"有45千克重，看上去像一个大怀表。它可以挖掘几十厘米深的火星表层土壤，并对土壤颗粒进行分析。此外，它还可以记录火星大气温度、气压等数据，并将收集到的信息发回地面。这个登陆器第一次装备了由中国人成功研制的太空工具"岩心取样器"。它借鉴了中国筷子的工作特性，可以灵活地探取岩石样本。"小猎犬-2"无论在质量、体积、能源还是资金方面，都是迄今为止开发的最为小巧同时又是高效的星际登陆探测装置。

"小猎犬-2"的任务包括：

1. 绘制火星地图
2. 对火星表面进行探测
3. 寻找火星上有水存在的证据

同样是在6月，美国航空航天局计划分两次发射他们耗资8亿美元研制的"双胞胎"火星探测器，它们的主要任务也是探寻火星上究竟是否存在水和生命。

自1962年，苏联发射的"火星1号"探测器至今，科学家们共计划了三十多次火星探测，其中2/3以失败告终，但研究一直没有排除火星上有生命存在的可能性。面对火星这个可能蕴涵着丰富能源和极大开发潜力的星球，有的人雄心勃勃，有的人则志在必得，发达国家对外星资源的竞争已经初露端倪！

走近火星

电影中，人类在火星上降落的镜头并不罕见！但是在现实中，登陆火星要比登月困难得多。月球距离地球只有3天之遥，可到达火星需要300天，往返则需要2年到3年的时间。且不说在飞船狭窄封闭的空间里呆上这么长时间，会对宇航员造成多么严重的生理和心理压力，仅仅是循环利用就构成一个难题。俄罗斯专家认为，为宇航员准备两三年的食物会占去飞船上太多的空间，他们希望能研究出让宇航员在飞船上自己生产粮食的方法。这不论对科学家还是对于宇航员来说，都是一个艰巨的挑战。

面对重重困难，俄罗斯不久前拟定了火星登陆方案。俄罗斯、美国、欧洲三方计划耗资200亿美元联手研制两艘新型宇宙飞船，分别用于载人和货运。2015年左右，这两艘飞船将把6名科学家送上火星。

从火星看地球

虽然我们现在还无法在火星上登陆。但是却可以超前体验一下从火星上看地球的感受。最近，美国宇航局公布了5月8日由"火星探路者"从火星上给地球拍摄的一组照片。当时火星和地球、木星连成一线。照片中的地球半明半暗，明亮的半球显现出北美洲的中部和东部，还隐约看得出中美洲、南美洲北部和墨西哥湾上空的浮云。

从火星上看地球——这个我们人类生存的巨大空间不过是宇宙中平淡无奇的一部分。享有多姿多彩人生经历的我们，更是浓缩得微不足道，无法分辨。宇宙的浩瀚让我们清醒，这世上还有太多的领域不为人们所知，而面对未知的一切，人类还只是个孩子。

意想不到的发现
——脉冲星

脉冲星

变星的一种。脉冲星是在1967年首次被发现的。当时,还是一名女研究生的贝尔,发现狐狸星座有一颗星发出一种周期性的电波。经过仔细分析,科学家认为这是一种未知的天体。因为这种星体不断地发出电磁脉冲信号,人们就把它命名为脉冲星。

20世纪60年代,一组来自深邃夜空的起伏信号时隐时现,引起了天文学家休伊什和他的学生的注意。这是一系列强度不等但时间间隔基本相等的脉冲。休伊什推测这些规则的脉冲可能是人为的,因为当时已知天体的辐射都不是这样的。这种信号很像我们通信用的电报,因此他猜想可能是外星人在向我们打招呼。

一时间神秘的脉冲成了人们关注的焦点。我们真的和外星人取得联系了?

脉冲星——宇宙中的灯塔

休伊什利用精确的时标在修正地球轨道运动的影响之后确认,脉冲信号来自一种新天体——脉冲星。他也因此获得了1974年的诺贝尔物理学奖。

一度被误以为是外星讯息的脉冲,实际上来自中子星的两极。中子星具有非常强的磁场,在磁极冠区,带电粒子发出曲率辐射,形成一个方向性很强的辐射锥,就像灯塔发出的两束光一样。这两束光随中子星一起转动,当它扫过地球,我们就接收到一个脉冲。

这个脉冲是非常有规律的,可以和我们现在使用的原子钟相媲美,也许将来我们能用上天文学家在宇宙中建立的脉冲星钟。

脉冲星?中子星!

脉冲星的发现让天文学家欣喜,因为它就是人们寻找了很久的中子星。中子发现后,天文学家预言宇宙中有一种完全由中子组成的恒星——中子星。它是大质量恒星演化到超新星爆发之后的产物。当恒星的能源耗尽,热核反应停止,温度就会迅速下降,热压力不能抵抗引力的作用,恒星核心部分就要急剧地向中心坍缩。质量比太阳大8倍的恒星,要发生剧烈的、粉碎性的爆炸。这就是超新星爆发。坍缩过程中电子都被压进了质子,形成由中子组成的中子星。

中子星表面积很小,它的光度据推算也只有普通恒星的几十亿分之一,即使用现代大型光学望远镜也难以观测到。其实中子星一直在向地球暗送秋波,天文学家也曾在无意中记录到中子星的辐射,只是我们不识庐山真面目罢了。

从这里起步

脉冲星一被发现就受到了关注,它具有的非同寻常的物理特性,成为科学家理想的太空实验室。国外脉冲星的研究在飞速地发展,而我国的脉冲星观测研究却空白了近30年。

1990年,在王绶琯院士和吴鑫基教授策划下,由北京天文台和北京大学合作,开始了脉冲星的初步研究。1996年,吴鑫基教授与乌鲁木齐天文站合作,揭开了我国具有国际水平的脉冲星研究序幕。

1999年实现脉冲星的消色散观测,我国望远镜观测成果首次在国际著名期刊上发表。

2002年完成致冷式双偏振消色散接收设备研制,使18厘米波段上的脉冲星观测接收设备达到国际先进水平。

脉冲星的发现不仅为天文学开辟了一个新的领域,而且对现代物理学的发展也产生了重大影响。在宇宙还有更多的天体等待着我们去发现了解。

流星

> **流星**
>
> 是指运行在星际空间的流星体（通常包括宇宙尘粒和固体块等空间物质）在接近地球时由于受到地球引力的摄动而被地球吸引，从而进入地球大气层，并与大气摩擦燃烧所产生的光迹。流星体原是围绕太阳运动的，在经过地球附近时，受地球引力的作用，改变轨道，从而进入地球大气圈。流星有单个流星、火流星、流星雨等几种。大部分可见的流星体都和沙粒差不多，重量在1克以下。流星进入大气层的速度介于11km/s到72km/s之间。

每一年的8月，我们可以看到许多流星。在这时的地球轨道上，地球将穿过一颗彗星后面的长长的彗尾。

这些由重量只有几毫克的微粒组成的尘埃云，当地球飞速穿过它们时，与地球大气层相撞击，从而被加热，给我们展示了一幅流星燃烧的壮观景象。

这些残骸是从瑞夫特—塔特尔彗星上脱落下来的物质。这颗彗星取道冥王星，每130年回归一次，它的轨道与地球轨道的交会点，正好是我们每年8月份所经过的地方。

地球高速穿过彗星尘埃，正如一辆汽车穿过漫天飞舞的雪花那样。要想看到这一景象，我们必须向前看。但是朝向哪个前方呢？

地球绕着它自己的轴线旋转着，因而，哪边是前方呢？

朝着地球旋转方向看，总是让太阳保持在你左边。

子夜时分，当你向南看时，总是让太阳在你的后面。

要让太阳在你左边，就向左转，面向东方。

邻近子夜时分，流星就会出现在水平线上面约三个手掌高的地方。

地球在转动，夜晚更深了，你会在东南方看到越来越多的流星，而流星出现的方位也越来越高。

在子夜后的几个小时内，是观察它们的最佳时刻，因为在这段时间里，你正好直接面对着发光的地方，流星正是出现在这个方向上。

其他的彗星的运行轨道离地球更远，像著名的哈雷彗星，每76年才回归一次。

海尔—波普彗星在1997年3月回归到太阳附近，它的下一次回归要在漫长的几千年之后。

或许,在 3 000 年以前,它就在这儿了,如果它回来的话,我们要等待 3 000 年的时间。

但是,彗星有时也会被俘获而遭遇灭顶之灾,像著名的小彗星舒梅克—列维,1994 年时它太靠近木星了。

它被木星的巨大引力所俘获,开始围绕着这一气态的巨人做轨道运动,并逐渐向木星坠落。万有引力紧紧地吸引着这颗彗星,最后把它的核心剥离出来。经过一圈运转以后,彗星的残片全部掉向木星的稠密的大气之中。

那么我们的地球将会怎样呢?我们是否也会卷入这样的撞击灾难?

这是极不可能的。瑞夫特—塔特尔彗星下一次回归时,它会在离我们很近的地方掠过。

当瑞夫特—塔特尔彗星在 19 世纪出现时,天文学家作出计算,预言它将在 1984 年再度返回。然而,彗星有很多不确定因素:它会被太阳加热,它会抛射出大量气体与尘埃,这就会改变它的轨道和回归的时间。

1992 年 10 月,瑞夫特—塔特尔晚了 8 年才姗姗来迟,它走过了漫长的轨道,终于穿过了我们当时所在的地方。

每年 8 月 12 日地球都要穿过这一交叉点。

然而,这颗彗星下一次返回的时间,据预报是 2126 年 8 月 14 日。而地球将在 8 月 12 日穿过这一"叉路口",也就是比彗星要早 2 天。如果彗星的确在 14 日到来的话,那么真是太好了,我们会在彗星到来以前就平安地通过了。

但是,如果彗星早到一两天的话,那我们的后代可能要面对飞来横祸了。

在下一次满月时,当日落西山时刻,我们来看看月亮是如何在东方升起的。

在日落西山以后的一两小时之内,满月是如此之明亮,以至除了我们太阳系中的最大行星——木星以外,月亮周围的所有星星都看不见了。

木星是如此明亮,以至当它与满月出现在同一方向时我们也能看到它。即使这两个天体并排地出现,我们也不要忘记木星的距离比月亮远 1 500 倍。

像这样的行星"连珠"现象,给我们上演了一场美妙的行星芭蕾。

地球的轨道运行要比木星快 12 倍,绕日一周,地球花一年时间,而木星要花 12 年。

慢慢地,地球赶上了木星,到达了木星与太阳的中间。这时,木星,地球,太阳连成一线,木星在远离太阳的另一边。

让我们再来看看月亮,月亮每个月绕地一周。当月亮到达与地球和木星连成一线的位置,你会看到月亮与木星肩并肩地穿越夜空。

木星和木卫

> **木星**
>
> 为太阳系八大行星之一，距太阳（由近及远）顺序为第五，亦为太阳系体积最大、自转最快的行星。木星主要由氢和氦组成，中心温度估计高达30 500 ℃。古代中国称之为岁星，取其绕行天球一周为12年，与地支相同之为故。西方语言一般称之为朱比特，源自罗马神话中的众神之王，相当于希腊神话中的宙斯。

月亮是如何影响潮汐的？

每月一次，当地球、月亮和太阳排成一线时，就会引发高潮，例如，当新月出现的时候。

这时，月亮与太阳的拉力处在同一方向，这就引起了高潮。

一年之中最强的潮汐，通常发生在秋分点。因为这时地球的离心力与太阳的拉力合在一起，使得海洋中的海水大量涌起。

然而也有一些年份，最强的潮汐并非发生在秋分点，而是在另一月份——譬如8月份的满月时候。

这是为什么呢？

因为我们通常忽略了另一因素：月亮的距离。

月亮的轨迹呈一椭圆，有时离我们远，有时离我们近。

月亮离我们越近，引发的潮汐越强。

如果8月份的满月正好是月亮最近的日子，这种满月所引起的最强潮汐甚至要比秋分潮汐更强。

在1997年夏天的傍晚，一旦日落西山，便能看到最大的行星木星，但在别的年份，木星的升起晚得多了：在2000年是在子夜以后。

木星是太阳系中的最大行星。有两条非常稀疏的环，有多达16颗卫星环绕着它运行。

借助望远镜，你便能看到其中4颗最大的卫星：伽利略卫星。它们是伽利略发现的。

当木星从地平线上升起时，这4颗月亮出现在地平线上，其后慢慢倾斜下落。

这是因为我们是从旋转着的地球上观察的缘故。

地球，其他行星，还有木星连同它的卫星，全都在同一平面上运行。

由于地球的自转，我们的视角经常在变动。4颗伽利略卫星所形成的连线把这一现象显示得更清楚。

在整个夏季，木星在摩羯座方向，我们一直能看到它。

当地球在它轨道上向前运动时，每个晚上的同一时刻，你将看到木星向右移动了一度。每过一星期，木星就会向右，也就是向西移动一个手掌的距离。

并且，每一夜晚，你都能看到4颗伽利略卫星在跳芭蕾舞。

它们绕着木星旋转得很快，以至每个晚上，它们的位置都会有变化。而在某些夜晚，我们可以看到木卫三消失在木星的后面。

17世纪，当丹麦天文学家罗麦观察这些木星卫星的月蚀时，测量了光的速度。

罗麦对隐藏在木星后面的卫星进行了观察。

罗麦观察了木星卫星接近木星的过程，并记下了它们消失在木星背后的时刻。

几个月以后，他对上述同一事件再作记录时，发现晚了8分钟。

又过了几个月，这一事件却早发生了8分钟。

罗麦先是感到困惑不解，最后终究明白了。

当地球远离木星时，木星的光线到达我们的时间要多花8分钟，也就是比预定的时间要滞后些。

几个月以后，当地球向着木星运动时，光线到达的时间要短一些：木星及其卫星的像要提前一些到达。

这样，罗麦发现了光线并不是瞬间传播的：它从光源到达我们这里也需要时间。

借助你的望远镜，不要错过观察木星的4颗大卫星：看，它们分离得较远了——除了伊欧非常靠近木星。

伊欧这颗离木星最近的卫星，绕木星旋转的时间不足2天，而我们的月亮绕地球旋转的时间却要28天。

伊欧是太阳系中色彩最丰富的天体。

伊欧也是地球以外唯一能看到火山爆发的地方。

我们认为那是由于火山爆发所喷出的硫磺重新落到伊欧表面，并且冷却到$-140℃$，因而呈现出不同颜色。

火山爆发所喷出的气体和尘埃延伸在这颗卫星的尾部。由于太阳射线

的作用,这些粒子便带了电,因而干扰了木星射向太空的无线电波。

当你观察木星的4颗大卫星时,有时你只能看到3个,因为木星左边的伊欧与木卫二互相重迭在一起,很难分辨。

木星拥有16颗卫星,还有环,活像一个小型太阳系。

然而,木星的影响范围更为广阔:在它左右80万千米的地方,有两个小行星群运行在它的轨道上,这就是特洛伊小行星群。

这两组小行星在太空中特定的地方运行,在那儿万有引力正好达到平衡。

特洛伊小行星群与太阳和木星形成等边三角形,它们绕着太阳旋转,其周期与木星一样,即12年,要比地球慢12倍。

在你有生之年,这颗巨大而明亮的行星将只能绕太阳转6至7周。看到木星在天空闪耀,往往会引发我们的遐思。

测量时空

地球给了我们一个时间单位：地球绕着地轴旋转一周就是一天。

地球围绕太阳公转一周，便是一年。

一年365天，然而用365这一数字来计算日子显得太大了，尤其是对于我们的祖先来说，他们刚刚从洞穴里钻出来，刚刚开始体验流逝着的时间。他们需要一种简单明确的日历。

月亮给了人们一种时间单位，几千年来，它左右着我们的日常生活，月亮绕着地球旋转一周花费28天，正好是7天的4倍——4个星期。

月亮是天空中唯一一个看起来天天有位置变化的天体。

当我们的祖先还不会读书写书时，就已经学会了遵循这一"天体日历"。

- 在一个星期中，新月变成半月，
- 再过一个星期，半月变成满月，
- 再过一个星期，满月又变成苍白的半月，
- 最后一个四分之一，便是第四星期。

这就是7天一个星期的来由。

月亮循环一周是28天，把它分为4份，成了以7天为单位的4个星期。一个星期的头一天是以月亮命名的，英文叫月亮日。

地球还给了我们测量距离的单位：从北极到赤道的距离的万分之一便是1千米。

然而这个千米单位，对于像城市或洲际之间这样的距离是十分实用的，但对测量太阳系说来就不方便了，对于测量恒星之间距离更是不足用了。

> **光年**
>
> 宇宙间的距离非常大，所以只能以光年来计量，光线在一年中所走的距离称为1个光年。光速为每秒30万千米，因此，1光年就是94 600亿千米。

测量这些距离，我们要用光年。光线每秒钟要走过30万千米（18万6千英里）。光线1年走过的距离便是1光年，折合9万亿千米。正好是9后面加12个零。

这样，让我们暂时忘掉千米，而用光年来计算：北极星离我们460光年。从那里发出的光线要走460年才能到达我们这儿。

为了确定空间距离，例如地球到北极星之间的距离，我们采用了时间的测量单位，即光线走过这一距离所花费的时间。

地球还给了我们另一个单位，这是一个很大的十分有用的单位，这就是地球轨道的直径：3亿千米。

这一单位可以帮助我们测量距离我们最近的恒星。

今天晚上，我们对准大犬座阿尔法，它属于距离我们较近的恒星。

6个月以后，地球带着我们到达它的轨道的另一边。让我们从这儿再次对准大犬座阿尔法。

相对于遥远的恒星天幕而言，大犬座阿尔法移动了位置。

这一角度告诉我们大犬座阿尔法的距离是8光年。

这便是视差原理："两个轴线之间的夹角"。

让我们测量另一颗恒星大犬座贝塔，6个月以后再次对准它，我们得到的两线之间的夹角更小，因而大犬座贝塔离我们更远：150光年。

借助于地球沿着它的轨道运动所提供的这种参考系，我们就能测量恒星离开我们的距离。反过来，当我们要测量行星的运动时，这些恒星便成为我们的参照系。

木星，现在在右边，在摩羯座的前面，2年之后，它朝向双鱼座，移动到了左边。那些恒星群，也就是木星后面的那些星座，构成了黄道带。

随着地球在它轨道上运动，太阳也运行到了黄道带的下一个区域。现在，太阳在狮子座的前面。

8月底太阳在狮子座中吗？根据星象学，它应该在室女座。

我们不能把星座与占星术称号混淆起来，占星术士把黄道等分为角度30度的12个区域，而星座，也就是恒星群的分布，它的大小是十分不同的。狮子座的复盖角是35度，而巨蟹座只有9度。

除此以外，几千年来，从古代传下来的占星术称号已经相对于星座发生了位置转移。占星术所称的狮子座移向了右方，已经跟真实的狮子座不相对应了，现在是占星术所称的室女座才对应着狮子座。

因而,对于占星术士而言,太阳是在占星术所称的室女座之中。而天文学家则认为太阳是在狮子座中。究竟相信哪一种说法,当然由你来选择。

我们总是把时间与空间的测量结合起来:你的手表通过表盘上的指针告诉你的时间,真实地指示了太阳在空中的方向。因而,从根本上说来,你的手表是用空间为你指示时间。

所谓1天,也就是地球自转1圈,这是时间还是空间? 1光年是空间距离还是时间的一个单位?

我们发觉很难把握时间,因为它是第4维的东西,我们看不见它。

让我们来设想好像剪纸那样的一个巨大的行星,在它上面生活着2维的人类。他们不能想象一个3维球状的行星,因为他们只有2维世界。

跟我们一样,他们已经知道一个三角形内角之和总是180度。

事实上,如果三角形是在一个球面上,那么它的内容之和就大于180度,不过,我们的平面朋友不能理解这一点:因为他们是平面的,生活在一个平面世界中,那儿只有180度内角的三角形。

然而,当他们把三角形越画越大,直到有一天,他们发现一个非常巨大的三角形的内角超过了180度,因为这个三角形是在一个球面上!

但是,他们不能想象这个第三维,以及这个三维球面,因而他们构想出一些哲学理论,把他们的二维宇宙与他们正在开始发掘的神秘的第3维调和起来。

随着我们对宇宙的探索日益深入,我们将逐渐发现可能存在的新的东西,这就是第4维。

或许这第4维就是时间。或许,有朝一日我们将会了解这一切。

大行星和月亮

> **大行星运动定律**
>
> 第一定律：行星轨道为椭圆，太阳在其任一焦点上。
>
> 第二定律：行星的向径（行星与太阳的连线）在单位时间内扫过的面积相等。
>
> 第三定律：行星公转周期的平方正比于轨道半长轴的立方。
>
> 这定律在科学史上之所以如此举足轻重，就是因为这三大定律导致了数十年后牛顿重力理论的发现。

随着月亮绕着地球运转，看起来每颗行星一一相继掠过。1997年9月，夜晚天空中将出现一次不寻常的聚会，所有行星都会聚在一起。

首先，月亮与金星走到了一起，其后，月亮在火星前方经过，再以后，月亮到达冥王星的位置，冥王星是太阳系中一颗最遥远、最偏心、也是最不结实的行星，比我们的月亮还小一点，只有借助于高倍望远镜才能看到冥王星。冥王星的冥卫一有它一半大小。它们构成了一组"双行星"。

冥王星真是一颗行星吗？它会不会以前是海王星的一个月亮，从行星束缚中逃逸了出去，在一个"自由自在"的轨道上围绕太阳运转了起来，也就是从一颗卫星升级成了一颗行星？

或者，它可能一度是颗小行星。

当巨大的行星不断吸食并吞噬小行星从而使其质量不断增加时，很可能从行星中抛出了一颗海王星，这就可以解释它的奇怪的轨道。

在这些行星中，冥王星是很不合群的一颗行星。

虽然月亮刚好出现在其他行星的上方，但却在冥王星的下面，因为冥王星的轨道是倾斜的，并且是如此之偏心，以至于跟它的邻星海王星的轨道相割。

这20年以来，冥王星——右边的那颗小行星，侵入了海王星的轨道之中，海王星就是左上方的那颗蓝色的行星。现在，离太阳最远的行星是海王星，而不是冥王星。到了2000年，冥王星重新穿出海王星的轨道，在以后两个世纪中，一切又会回归正常。

冥王星与海王星是否会发生碰撞危机？

小小的冥王星有可能早就被它巨大的邻星海王星所俘获。但是冥王星还是存活了下来，这是因为它跟海王星形成了共振：它们两者的运动安排得刚好使它们永远分离着。

每过500年，海王星都要经过冥王星一次，然而现在，冥王星极其古怪的轨道却离海王星很遥远。行星的命运取决于天体力学的精妙平衡，尽管有朝一日，古怪的小行星冥王星可能会出轨，进入一个新的、不可预料的轨道。

当月亮在冥王星前方经过以后，它就朝向海王星。

海王星是一颗大行星，比地球大4倍。它拥有2颗卫星：近一些的海卫一以及远一些海卫二，它俩都运行在很奇怪的倾斜轨道上。

海卫二的轨道，是太阳系所有卫星中最偏心的。

海卫一误入歧途，在一个日益缩小的轨道上运行，在1亿年中，它命中注定要接近海王星。它将分裂为一块面饼，把海王星的环吞噬掉，或者撞到海王星上。

从中世纪的那种完美的、圆形的球面对称的宇宙观看来，我们已经离开这种宇宙观很远了……

现在，随着月亮在它轨道上不断运行，我们已经朝向天王星。

天王星离开太阳的距离是土星的2倍，是我们离开太阳的距离的20倍。

处在这么遥远的距离，人们很难根据海王星周围的恒星对它作出什么判断，看起来海王星很像一颗小恒星。

在18世纪的星图上，海王星被描绘成金牛宫座中的一颗恒星。

1781年，业余天文学家威廉·赫歇尔正在观察双子宫座，他注意到有一颗恒星不应该在那儿出现。接着，他继续观察，他看到这颗恒星在一个跟行星一样的平面轨道上十分缓慢地运行着，而且来自金牛座。

事实上，这颗小恒星是一颗行星：赫歇尔发现了天王星。

了解到天王星不是一颗固定的恒星，而是一颗运动着的行星，人们花了好几世纪的时间。

同样过了好几世纪，才发现天王星是太阳系中唯一的一颗这样的行星，它的自转轴平躺在它的轨道上。有时候，天王星看起来像一个球一样向前旋转，而后，在它轨道的另一边，它会向前运行，但向后旋转。

天王星围绕太阳转一圈要花费84年。由于它的轴线平躺着，而且总是指向同一方向，因而，天王星的白天长达42年，黑夜也一样长。而它的季节也一样长久，夏天42年，冬天也42年。

恒星是自身发光的。天王星是行星，不发光。它只能反射太阳光。从天王星上看太阳，太阳相当于一个20倍的变光光源，天王星反射到我们这儿的光线已经十分微弱。

从天王星上看，地球会是什么样子呢？

看不到！地球离太阳太近，总是隐藏在太阳的夺目光芒之中。

随着月亮在它的围绕地球的轨道上继续运转，月亮展示给我们的被太阳照亮部分越来越大。月亮反射越来越多的阳光：每晚的月光越来越明亮。

满月要比初始的新月亮大20倍。在满月前后，星星就在月光下看不见了，正所谓月明星稀。

木星，这颗最大的行星，是在满月前唯一能被看到的天体。从这次月亮与木星相会以后，月亮将与木星排成一线。然而你看，在月亮的轨道上出现了某种东西！那是什么？啊，那是一片阴影。是的，那是地球的影子，投射到太空中的影子。月亮每个月都要经过这一阴影区。

每6个月中的5个月，月亮都在这一巨大的锥形影区的上部或下部经过。但是，每过6个月，月亮必然会穿过这一阴影区域，从而发生了月食。

木星

木星，太阳系中最大的行星，质量比我们的地球多300倍。甚至它大气中的千年风暴、著名的大红斑，也比地球大4倍。

木星是一个气体球。我们绝不能在那儿着陆，因为那里没有陆地或固态表面。

在这个巨大气体球的中心，肯定存在一个如同地球大小的岩石或金属核心。

木星的直径是地球的12倍，而它的质量是地球的300倍。它的引力足够巨大，足以制约4颗伽里略大卫星的自由自转。

它们牢牢地被木星的引力所牵引，始终以同一个面朝向木星。

它们中之一的伊欧，被木星和其他月亮的引力撕扯得如此厉害，以至于明显变了形。这也许就是它的谜一般的热和火山爆发的原因。

由于巨大的质量和由此产生的巨大引力，使得木星周围的空间变成空旷无物。木星吸食了附近所有的星际物质，不准在它附近有另外的行星存在。

木星只有一个远距离邻居：土星，它距离木星7亿千米之遥。在太阳一侧，没有其他行星，只有下方的小行星带。

我们应当祝贺古代的天文学家，他们意识到这个行星的重要性而给它以"上帝之父"之神的名字命名，即朱匹特。在17世纪初，伽里略发现了木星的4颗最大的卫星，我们现在称它们伽里略卫星。有证据显示，在更早的公元前500年前后，中国天文学家甘德已经发现这4颗木

> **木星**
>
> 在太阳系的八大行星中体积和质量最大，它有着极其巨大的质量，是其他七大行星总和的2.5倍还多，是地球的318倍，而体积则是地球的1 321倍。按照与太阳的距离由近到远排，木星位列第五。同时，木星还是太阳系中自转最快的行星，所以木星并不是正球形的，而是两极稍扁，赤道略鼓。木星是天空中第四亮的星星，仅次于太阳、月球和金星（在有的时候，木星会比火星稍暗，但有时却要比金星还要亮）。木星主要由氢和氦组成，中心温度估计高达30 500℃。
>
> 木星表面有一个大红斑，从东到西有40 000千米，从北到南有13 000千米，面积大约453 250 000平方千米。对于它是什么目前仍有争论，很多人认为它是一个永不停息的旋风，它的范围可以吞没3个地球。

星的大卫星。在双筒望远镜中可以清楚地看到，它们是如此快地环绕木星旋转，以至于每夜都改变它们的相对位置。

实际上，木星至少被多达16颗卫星所环绕。它本身是一个小型太阳系，如同九大行星环绕着太阳。

除行星以外，太阳还被一个小行星带所环绕，而木星有两个在地球上看不见的环。

作为小型太阳系的中心，木星还是很小的：质量是太阳的千分之一。

但是与行星相比，木星本身的质量是包括地球在内的所有其他行星质量总和的2倍。

它的影响遍及整个太阳系。8亿千米之外，在木星轨道上，存在两群小行星，托洛央小行星群，一个在木星之前，另外一个在木星之后，如同木星的两个卫士。

45亿年之前，借吸引和吸收周围的物质，太阳和木星同时形成于同一个星云的中心。

随着太阳吞咽下越来越多的物质，它变得如此巨大，以至于它的初始压力启动了一个连续的热核反应，这就是为什么它会发出巨大的光和热的原因。

在太阳形成的同时，7亿千米外的木星做着与太阳类似的事情。

但是结果却截然不同，仅仅形成了一个带有环和卫星的大行星。

木星是一颗恒星形成过程的失败者。

它没有能够吸引足够多的星际物质，否则，它就变成了一颗恒星，永远照亮着我们的夜空。

环绕太阳的行星分成两个非常不同的群组：靠近太阳的是4颗固态行星：水星、金星、地球和火星。

远离太阳的是气态行星：木星、土星、天王星和海王星。

行星的命运取决于它们离开太阳的距离。

靠近太阳，行星上的温度非常高而导致气体逃逸：水星不再存在大气，而地球仅仅保持一层薄薄的气体，这就是我们赖以呼吸的空气。但是在远离太阳的地方，氢和氦堆砌而形成木星这样的巨行星。

靠近太阳，行星遭受的太阳引力较强。太阳使得近距离行星——水星和金星的自转变慢。而远离太阳的行星，木星和土星的自转速度是地球的2倍。

靠近太阳，地球只有一个月亮，而水星和金星没有卫星。

远离太阳，木星和土星有许多卫星……而且还有漂亮的环。

像地球一样，木星也是行星，但是它与我们的世界很不相同。

美国和其他国家使用不同的夏时制：随着夏时制的结束，我们把钟表的指针拨回1个小时。

我们在钟表上读出时间，它们标示着地球相对于太阳的位置。通常，当太阳通过巴黎子午线时，在巴黎应当是正午。

地球在24小时内环绕自己的轴线自转一圈，而每一个小时，地球上沿南北方向的条带顺序地依次分别对准太阳。地球被分割成24个条带，每一个条带即是一个时区。在布拉格子午线对准太阳后一个小时，巴黎子午线又对准了太阳。

2小时过后，太阳照亮了巴西……也照亮了格林纳达。

再过2个小时，太阳通过纽约的子午线……3小时后，通过洛杉矶。

使用夏令时，这些时区向东移动。在夏天，英国使用布拉格时间，法国和德国使用伊斯坦布尔时间。

夏时制结束，当我们把钟表拨回时，我们的时区回归真实位置，而地方时对应于地球上每个时区相对于太阳的位置。

但是日晷总是给出真实的结果，它总是指示真正的太阳时。

土星

> **土星**
> 古称镇星或填星,是太阳系八大行星之一。直径约119 300千米(为地球的9.5倍),是太阳系第二大行星。它与邻居木星十分相像,表面也是液态氢和氦的海洋,上方同样覆盖着厚厚的云层。土星上狂风肆虐,沿东西方向的风速可超过每小时1 600千米。土星上空的云层就是这些狂风造成的,云层中含有大量的结晶氨。

随着月亮绕地运行,每个月,它朝着与地球和土星连成一线的方向运动。它将从通过地球和土星之间通过。土星比地球远4 000倍。每4或5年月亮有机会掩食土星一次。

掩食发生时,你就能观察到月亮的真实运动。

月亮的边缘越来越接近土星,突然,土星消失了,天上少了一颗星星。

行星被月亮掩食了。

大约1小时后,在月亮圆盘右边的边缘上,土星又出现了。用双筒望远镜观查,看起来像是一个小小的发光的气球从月亮身后飘离。

这是巨行星土星的再现。

谢谢土星,它帮我们看到了月亮的真实运动。

土星是不用望远镜可见的最远的行星。它与太阳的距离是地球与太阳的距离的10倍。

土星需要30年才能绕太阳一周。在我们每个人有生之年中,土星将只能绕日公转三周。

土星因它的光环而著名。光环由无数的大小各异的冰晶粒子组成。

每15年我们有一次机会从土星环的上方观察它。当地球穿过土星环所在的平面时,我们实际上位于它的一侧,因此它在我们的视野中消失得无影无踪。然后我们有一次机会从土星环的下方来观察它。

我们最近一次通过土星环所在平面是在1995年,土星环消失了3次,这显示地球运动的速度是很快的。

在春天,地球缓慢地进入土星环平面,从而土星环消失了。在夏天，由于地球比土星移动得快，地球再次穿过土星环平面。

然后，在冬天，土星环第三次消失：从这以后地球移动到环的南边，我们将从下面看它直到2009年4月9日。

土星环和其他外行星——木星、天王星和海王星所具有的不如土星环那样壮观的环，它们从何而来呢？

每一个物体，每一个行星，它们的引力影响到遥远的空间中。在每一个行星周围，存在一个极限距离，卫星、彗星或小行星进入这个极限都难逃被行星的引力撕碎的命运。

在土星周围，这个极限距离是80 000千米。小行星穿过这条界线后将被撕裂。土星的引力对小行星上较靠近土星的部分比较远的部分大许多。由于这个引力差的存在，小行星就难逃粉身碎骨的命运。

碎裂后形成的岩石彼此撞击，经过许多次碰撞，它们在行星的赤道平面上形成一个盘，就好像行星们在一个平面上环绕太阳运动。

假如我们的月亮向地球移近到18 000千米，就将被地球撕裂。

月亮的碎块将在赤道上形成一个环，而在冬天，太阳就会被遮掩在一道"月石"屏幕的后面。

土星是一个几乎与木星相仿的巨大的气体球，它的体内可以容纳10个排列起来的地球。

土星自转比地球快，只需要10小时转一圈。

一个气体球旋转得如此快自然会被向心力拉扯得变形：土星是最扁平的行星。

地球是一个固态行星，仅仅扁平了40千米。木星是一个气体巨行星，比地球自转得快，扁平了8 000千米。土星是12 000千米，整个地球将能够放进土星的扁平区域内。

土星还保持了低密度的记录。

地球是由任何行星中最密的物质构成的，比水的密度高5倍。地球的每10厘米立方体积平均重5千克，而1立方厘米的水——1升——仅重1千克。

而10厘米立方体的土星物质甚至比水还轻——700克。假如有一个足够大的海洋，土星将浮在水面……而地球则会同石头一样沉入海底。

除了著名的光环，土星被许多月亮所包围。最大的一个叫泰坦，它是太阳系内最大的卫星。它具有行星的尺度，比水星还大。

泰坦是唯一具有大气的卫星。它的大气的密度比地球高5倍。

泰坦表面是岩石和冰的混合物。它很冷，-170℃。你所看到的湖不是水，它们是液体甲烷。

在泰坦的大气中，形成越来越复杂的有机分子。它们可能演化出原始生命，细菌。

目前，惠更斯探测器正在飞向泰坦。它将于2004年到达土星并在泰坦表面着陆，分析它的大气。

生命能存在于在泰坦的冰冻物中吗？在2004年后我们将有更多的了解。

运动的标记

当你看到日晷上的时间变化时,你就看到了地球的自转。日晷相当于是地轴的微缩模型。地球自转时,日晷上的影子显示出时间和地球的自转。

还有其他迹象可以显示地球的自转:一天中树影的移动,……或者从窗户射进来的太阳光束缓慢地在地板上移动。

所以不用星图,不用望远镜,每天你可以看见地球的自转……

地球的自转使得我们难以观察行星的运动。

假如地球在它的轨道上运动而不自转,如同火车在铁轨上,我们将很快看到行星在我们的右边,如火星,我们比它们走得快,而在我们的左边,金星和水星,它们比我们走得快。

但是地球是一个巨大旋转木马,它在轨道上运动时还绕轴自转。

于是一切事物似乎都旋转,因为我们的视野随地球而旋转;我们看到太阳横过天空,但那仅仅是地球自转的效应。

在夜晚,由于地球自转,我们看到月亮、行星和恒星横过天空,我们不能看到它们的真实运动。

由于地球自转我们看天就犹如飞行员试图使他摇晃的飞机在跑道上着陆。我们必须固定我们的视野。

比如,要理解月亮的真实运动,你必须抵消地球自转的影响,但是怎样实现这一点呢?

要选择一个参考点:

在地平线上……

> **地球自转**
>
> 地球绕自转轴自西向东的转动。地球自转是地球的一种重要运动形式,自转的平均角速度为 7.292×10^{-5} 弧度/秒,在地球赤道上的自转线速度为 465 米/秒。一般而言,地球的自转是均匀的。但精密的天文观测表明,地球自转存在着3种不同的变化。地球自转一周耗时23小时56分,约每隔10年自转周期会增加或者减少千分之三至千分之四秒。

在你的街道的远方……

在对面的建筑上。

观看月亮的运动。

从左向右横过天空的运动不是月亮的真实运动,这是地球自转引起的。

明天夜晚你将看到月亮的真实运动,它会向左移动两个拳头,而下一个夜晚会进一步向左再移动两个拳头。

这种一夜一夜的移动展示了月亮绕地球的运动,在29天后,在完成一个完整的周期后,它回到今天夜晚你注视它的同一个地方。这才是月亮的真实运动。

那么关于地球绕太阳的运动又怎样呢?我们如何能够看到这种运动呢?随着地球运动,太阳光线的角度在发生变化。

目前,地球的北半球的地面对太阳光线的倾角越来越大。一天一天地、一星期一星期地,太阳对地平线的高度越来越低。

在对面建筑上的阴影一星期一星期地向上移动。而在你的室内,太阳的光束每天变得长一点。

看着这些光束,想象地球在太阳系内的运行,想象我们在宇宙中的位置。

在我们的旅途中,有八个行星与我们同行,但是我们只能直接看见四个:

- 金星,在太阳一边的我们的内行星邻居
- 火星,我们的外行星邻居
- 木星,非常地遥远,但是很亮
- 土星,更加遥远

由于行星们在它们自己的轨道上移动的速度很不相同,它们在天空中的位置总是在变化。

它们运动得很快:金星每小时125 000千米,而水星每小时180 000千米!我们从遥远的地方观看它们,因此它们走过的巨大距离看起来很小而似乎它们运动得非常缓慢。

我们不能辨认出非常缓慢的运动,那如何能看到行星的运动?观看花苞的开放,我们需要慢拍的镜头来加速它的运动。

但是还有另外一种延时观测:选择一个参考点——一棵树或一栋房子,然后比较行星一星期一星期的运动……金星、火星、木星……

现在你可以看到它们如何运动,你可以想象它们的轨道以看看太阳系如何工作。

地球在365天内绕太阳360度，就是每天一度。

从今夜到下一夜，恒星看起来向右移动一度。

但是每夜，地球的自转旋转整个天空和所有的恒星，我们如何能够看到这种每天一度的微小周日移动呢？

我们可以借助于标记：地平线上的树木、建筑物的屋顶、你的街道上的房屋……

或者时间上的标记：每一个傍晚的同一个时刻。

假如你每一个傍晚的同一个时刻观察同一个方向，你将看到恒星的移动，你将发现地球位于头一天的同样的位置。你就消除了地球自转的影响。

没有受到地球自转的干扰，从一个傍晚到下一个傍晚，从一个星期到下一个星期，你可以看到地球在自己轨道上的前进。它反映在这种恒星的每个傍晚的微小移动中，每一个星期一个拳头的宽度（在天空中大约7度）。

观看行星的运动，不需要星图或望远镜，你仅仅需要选定参考点，这是非常容易的。

独具慧眼

> **国际卫星对地观测委员会(CEOS)**
>
> 成立于1984年的国际卫星对地观测委员会是国际上对地观测领域权威的非政府组织，旨在协调民用星载对地观测任务，联合世界上负责对地观测卫星管理和计划的空间机构和政府间组织以及国际科技组织，以共同解决关于地球的重大问题。委员会目前有23个正式成员和21个联系成员。

很多人在批评别人狂妄自大的时候喜欢用"不知天高地厚"这句话，其实我想不知道天多高、地多厚绝对不能算是个错误。因为直到现在，人们还无法测量出宇宙空间究竟有多大，而对于"地厚"的准确了解，也是最近的事情。由于人们肉眼看不见地球以下的部分，所以一直没法判断哪一点才是地球最厚的地方，很多人一定会想，喜马拉雅山顶不就是地球上最厚的地方吗？事实上，地球并不是一个规则的球体，而是一个赤道略鼓、两极稍扁的扁球体，所以地球上最厚的地方应该是赤道附近的山峰上。最近，地理学家终于找到了这个地方——南美洲的钦博拉索山顶点。这里从地心到山顶距离大约为6 384千米，超过赤道半径大约6千米。当然，所有这些数字都不可能是用尺子测量出来的，而是人造卫星这双慧眼帮助我们远距离观测到的。那么除了测量距离，人造卫星还能观测到什么呢？

11月份，国际卫星对地观测委员会第18届全会在北京举行。这是中国第一次以国际卫星对地观测委员会主席的身份参与全球对地观测工作。为了能让天空中的慧眼——卫星看到得更多，已经有49个国家同意加入一个为期10年的计划——共同搜集关于地球状况的数千种数据。针对目前全球变暖、大气污染等人类共同面临的难题，科学家打算给我们居住的地球进行一个全面的体检。这些国家将共享地球观测数据，从而为预测各种灾难和污染提供数据。这样一来，卫星的作用将会大大提高。每天我们听到的天气预报会更准确，还能提前预测疾病爆发，它甚至还可以向渔民提供鱼量丰富地区的信息等等。

而中国与欧洲共同研制的伽利略导航定位系统也计划在2008年投入使用，总共将发射30颗卫星。那时，当您的车辆行驶在高速公路上时，只要启动自动驾驶系统，您就可悠然自得地读书看报。车辆会自动与前车保持距离，自动刹车或超车，自动驾驶系统能够精确到厘米，而且它还会自动选择能避免堵塞的道路前进。到达目的地后它会自动报告："您已到达。"这些听起来犹如神话，其实它都依赖于来自太空的信号，而且这用不了多久就会变成现实。

到2004年11月为止，中国已经成功发射了66颗国产卫星和5艘国产飞船，这些卫星不仅仅应用在科技领域，它们更是一双双慧眼，在国土资源、农业和城市建设等各个领域形成周密的观测网。

卫星观测的确给我们的生活带来了很多的好处，可是它会不会有误差呢？至少人类的眼睛就很容易产生误差。澳大利亚科学家的最新研究证实了这一点，他们发现人脑中存在着一条反馈环路，它会改变我们的视觉感受，以适应人脑对眼前景物的解释，而不像人们以前认为的那样，人脑会随着视觉感知而改变。也就是说，眼睛观察到的内容在很大程度上受到大脑预期的影响。这就导致了我们更容易相信大脑的"主观臆断"。

既然连我们自己的眼睛都会产生误差，那么谁能保证这些人造的机器就一定不会出现问题呢？

只要是机器，当然就可能出现误差。望远镜是经常使用的科学仪器，但是有一个难题一直困扰着人们，就是大气层的干扰。就像风吹湖面看不到水中的鱼一样，如果风吹云起，人们也就没法看清楚天上的星星了。为了解决这个问题，英国天文学家发明了一架最新型数码成像系统，它可以帮助人们解决天文观测当中"雾里看花"的难题。

这个数码相机名叫"幸运成像"，因为以前人们利用望远镜观测天象时需要些运气，天气好才能看得清楚，而现在幸运可以自己创造了。把这种数码相机安装在天文望远镜上，望远镜就成了这架专门拍摄太空的超人数码相机的镜头，即使天气情况不好时，它也能过滤掉干扰，拍到清晰的照片。此外，它的拍摄速度极快，每秒钟可拍100张照片。超广角拍摄是这种数码相机的另一个独特的功能，它能拍摄到银河系大面积复杂的星团。

要是每个人家里都能有这样一个数码相机就好了，它每秒能拍摄100张照片，可是我们普通家用的数码相机能拍摄5张就不错了。

以往人们在挑选数码相机的时候，比较关注像素。如今300万、500万像素的数码相机已经很平常,甚至一些厂家推出800万像素的产品。反而有很多人越来越注重其他的性能参数,比如镜头、变焦程度、反应速度等。我个人就觉得数码相机的反应速度很重要,因为现在的大多数产品都是在你按下快门以后一两秒钟它才拍摄,这个问题如果不解决,无论多高的像素都很难抓拍到最好的画面。

数码相机与望远镜相结合,就成了观天的慧眼,那么能够拍摄活动画面的摄像机能够为我们做些什么呢?

摄像机只要与宽带和无线技术相结合,就成了另一双慧眼,而且已经被应用在了对于大熊猫的看护和研究上。

卧龙自然保护区里饲养的大熊猫数量占全球大熊猫总数的20%。最近,中国科学家与英特尔公司合作在这里部署了宽带和无线通信网络,帮助研究人员保护濒临灭绝的大熊猫。

部署新设施之前,在野外研究小组成员就不得不借助纸和笔来记录每只熊猫的健康状况,很多记录详细的文件资料、统计数据图就没法及时记录下来。而交换数据则只能依靠步行或者开车将文件送到几千米外的研究人员手中。

现在保护区内一共使用了5个视频监视系统,室内的研究人员也能全天候观察大熊猫的各种活动。由于无线信息网络的应用,在户外还可以使用笔记本电脑来记录大熊猫的日常活动,并与全球各地的同行们及时分享最新的数据、图像和视频资料。主治兽医可以连续几天随时观察新生大熊猫的摄食情况,并根据这些情况进行调整,同时,研究人员每次在育婴室喂完熊猫后就可以将原始数据迅速归类,通过无线方式传输到熊猫医院中,快捷方便的新技术大大提高新生大熊猫的存活率。

除了能显著改善卧龙自然保护区的通信网络外,科学家还在这里建立了一个学习基地,为全世界的孩子们提供一个学习、协作和交流的平台。

从远距离观测到实现数据共享,这些都离不开先进的技术给我们带来的一双双慧眼。现在科学家们还将用激光对地球到月球的距离做可以精确到毫米的测量。由此可见,看到更多的未知世界不再是一个梦想。

登陆火星
——咋就这么难

2003年年底,登陆火星的"猎兔犬二号"并没有传来令人期待的好消息。人类探索火星的脚步又一次遭到了阻拦。在人类的空间技术日臻成熟的时候,为什么对火星的探测还是如此的步履艰难呢?

直到20世纪中期,大多数人还都认为,火星是一个充满生命和海洋的星球,但1964年,美国水手号探测器第一次成功飞跃火星时发回的第一张火星照片,彻底粉碎了人们的幻想;1975年,第一个登陆火星的探测器,海盗号再一次证明了火星的确是满目苍凉。

在过去的40年间,人类共向火星发射了36艘太空飞船中,其中三分之二都以失败告终。地球和火星间浩瀚的空间,仿佛有一支无情的黑手,吞噬着奔向火星的太空飞船。从地球到火星,人造飞行器究竟要逾越哪些难关,才能到达这颗充满致命诱惑的星球呢?

目前,人类摆脱地球引力飞向太空的技术已经基本成熟,除了1996年美国因为发射失败之外,其他火星探测器都成功地飞向了大气层外浩瀚的宇宙。然而人类的火箭并不能把探测器像打炮弹一样,直接发往火星,从地球到火星,探测器必须按照预先设计好的轨道,飞行将近5亿千米的距离。而在如此漫长的飞行距离中,飞行器随时会受到宇宙磁暴和太阳风的影响进而被黑暗吞没。1989年,苏联的福伯斯号火星探测器就消失在了茫茫的宇宙间。

探测器经过六七个月的飞行,到达了火星轨道,并以每小时6万千米的速度冲进火星大气层后,更大的危险也

> **火星**
>
> 是太阳系由内往外数的第四颗行星,属于类地行星,直径为地球的一半,自转轴倾角、自转周期相近,公转一周则花两倍时间。在西方称为战神玛尔斯,中国则称为"荧惑"。橘红色外表是因为地表的赤铁矿(氧化铁)。火星基本上是沙漠行星,地表沙丘、砾石遍布,没有稳定的液态水体。二氧化碳为主的大气既稀薄又寒冷,沙尘悬浮其中,常有尘暴发生。火星两极皆有水冰与干冰组成的极冠,会随着季节消长。

就随之降临了。虽然火星大气层的密度只有地球大气层密度的1%，但是经过长途跋涉的火星探测器与火星大气层的磨擦所产生的热量，仍能在几秒钟内将太空飞船烧毁；1999年，美国"火星气候轨道飞行器"就是在火星大气层发生了爆炸。

即便火星探测器经过了火星大气层，接下来的着陆问题同样是一个巨大的考验。由于火星沟壑纵横，平原稀少，稍有误差，同样会导致探测计划的失败。1971年苏联发射的登陆车下降时由于角度不对，与火星上高耸的大山相撞，坠毁在火星表面。而2003年年底登陆火星的猎兔犬2号，科学家们认为，有一种极大的可能性就是，它降落在了火星上的高山峡谷间，阻碍了它信息的发送。

对于火星探测来说，科技的不断发展让人们在一次又一次的失败面前不断地鼓起了勇气，而科学家们认为，探测火星同样也需要好运气，2003年6月，美国发射的火星探测器，正是使用了机遇和勇气这样的名字。而它们，也因为消耗了8亿美元，成为了迄今为止最昂贵的火星探测器。

北京时间1月4日，勇气号探测器即将登陆火星。如果一切顺利，它将按照科学家们事先预定好的动作，登上火星的土地。隔热罩最先降落，降落伞弹开，气囊膨胀，探测器被弹起，冲破安全气囊，开始工作。

人们期待着眼前的一切变成现实，因为这一次成功将在新年伊始重塑人们登陆火星的梦想。

从太阳到地球

太阳这颗体积大约是地球150万倍的神秘天体,至今仍有很多谜题没有被人们揭开,然而这颗被人们赋予了神圣和无私的恒星表面,哪怕只有一点点的瑕疵,都可能给地球带来伤害。

太阳瑕疵

尽管从2002年起,太阳就进入了它新一轮的平静期,但是今年7月以来,世界各国的科学家却不约而同地从太阳的正面观测到了一个面积几乎是地球20倍的太阳黑子群。

太阳黑子是太阳上强烈的磁能量聚集区,温度较低,亮度也比较暗。这些磁场一旦失去控制,就会形成巨大的太阳风暴。

虽然太阳爆发只是短短的一瞬间,但是如果人们不加防范,它就会对在太空运行的航天器造成致命的打击。甚至还能穿透保护地球的磁场,干扰飞机导航系统,让电力输送系统瘫痪。

研究人员发现,7月27日由这群太阳黑子引起的日冕运动,对地球的磁场产生了冲击,引起了地球磁暴现象,所幸的是,这次磁暴并没有对人类产生严重的影响。现在,这群黑子已经随着太阳的自转背离了地球,但是科学家们却无法确定,当太阳的那一面再次面对地球时,这个巨大的瑕疵是否继续存在并影响我们人类。

聆听宇宙私语

茫茫宇宙永远有探究不完的秘密。哪怕是宇宙深处

> **磁暴**
>
> 即当太阳表面活动旺盛,特别是在太阳黑子极大期时,太阳表面的闪焰爆发次数也会增加,闪焰爆发时会辐射出X射线、紫外线、可见光及高能量的质子和电子束。其中的带电粒子(质子、电子)形成的电流冲击地球磁场,引发短波通讯所称为磁暴。磁暴时会增强大气中电离层的游离化,也会使极区的极光特别绚丽,另外还会产生杂音掩盖通讯时的正常讯号,甚至使通讯中断,也可能使高压电线产生瞬间超高压,造成电力中断,还会对航空器造成伤害。

最微弱的信号,也在向人们诉说着宇宙的过去和现在。通过射电望远镜接受的宇宙无线电信号,天文学家们就可以聆听到宇宙的私语。

位于美国弗吉尼亚州西部的绿岸射电望远镜,是世界上最大的移动式射电望远镜。4年来,它曾经为天文学家绘出了许多天体的射电图谱。

然而很多人为的因素却在无形中干扰了人们和宇宙的联系。由于手机信号接收器、调频无线电收音机等设备电信号的干扰,使宇宙中的电信号到达地球时被淹没在了杂乱的电波中,因此绿岸射电望远镜错过了很多宇宙的精彩瞬间。

为了消除这些潜在的干扰,工作人员每天都四处监测射电望远镜周围的无线电干扰信号,甚至为了避免汽油发动机的火花塞对无线电信号造成干扰,连自己的交通工具都换成了柴油发动机汽车和自行车。他们希望这样能还给电射望远镜一个安静的环境,让它能够清晰地聆听天体的私语。

慧眼看地球

探索宇宙,了解地球,可以让我们更好地在这个蓝色家园中生活。7月中旬,美国的大气层探测卫星"奥拉"开始在太空中执行它的任务。

地球上汽车排放的尾气以及各种工业污染都是制造大气污染和破坏臭氧层的罪魁祸首。虽然科学家们在地面上有很多的空气监测设施,但是却无法让人们了解,空气污染究竟使我们的大气层发生了哪些变化。运用卫星对大气层进行全球观测是科学家们认识大气层变化的关键。"奥拉"的任务就是详尽确定地球大气层的成分,追踪污染物质并观测臭氧层的变化。它可以对大气成分进行详细分析,改善人们原有的空气质量预报模式,帮助我们更好地维护地球空气的洁净。

从太空到地球,人类每天都在向着未知的领域进发,也许在未来,我们将挣脱地球的引力,投入太空的怀抱,因此保护好地球,让它健康地存在于茫茫宇宙之中,就是留住了我们全人类的老家。

地球
—— 我们的家园

这就是我们生存繁衍的蓝色地球,它像钻石一样闪动着诱人的生命光芒。这就是我们生存的狂暴地球,有时它也迸发出惊人的力量。

人们从很早开始就对地球充满了好奇。"给我一个支点,我可以撑起整个地球",即便在古希腊时代,像阿基米德这样的智者就已经让自己的思维跳出躯壳,在万丈高空,以另外一双眼睛来审视地球。在此之后的几千年里,人们不断尝试用新掌握的各类知识从多个角度来认识它。

古埃及人运用长杆在地面上的阴影第一次测算出了地球的周长约为39 816千米,这个2300年前的结论和我们现在运用卫星测量的数据相比,误差仅有193千米。

今天人们对地球的观察、测量早已从简单的表面测算上升到对地球的体态、寿命和未来等多方面的科学评估上来。随着观察和研究的进一步深入,许多数据将远远超出人们的想象。

美国科学家借助9颗卫星在过去25年间所收集的数据发现:如果把赤道比作地球的"腰",那么它的"腰围"自1998年以来正在以虽然缓慢却持续不断的速度变"粗"。

和任何一个星球一样,地球同样有着自己的寿命,科学家们推算,地球的寿命是100亿年。如果我们把地球寿命的100亿年比喻成一个人的一生,那么当它5至7岁时,原始生命诞生,45岁时,开始有了人类,22分钟前,人类才开始有了商业活动,在最近的两分钟内,人类的科技得到了突飞猛进的发展,在不到一秒钟之前,地球上的总人

> **地球**
> 是太阳系从内到外的第三颗行星,也是太阳系中直径、质量和密度最大的类地行星。它也经常被称作世界。英语的地球Earth一词来自于古英语及日耳曼语。地球已有44亿～46亿岁,有一颗天然卫星月球围绕着地球以30天的周期旋转,而地球以近24小时的周期自转并且以一年的周期绕太阳公转。

口超过了60亿。

科学家们发现，正处于中壮年时期的地球，在经历了46亿年的风雨沧桑之后，逐渐开始出现了衰老的迹象，这个缓慢的过程虽然不会是一个简单的"世界末日"，但它会表现为一系列的灭亡：最后一棵树、最后一片海洋、最后一个生命。

值得庆幸的是，我们生活的时期，恰巧是地球剧烈活动中相对最平静的时期，可是这并不代表着地球将永远平静下去，人类对大自然的破坏行动活动，将会加快地球衰老的速度。环境的不断恶化，一次又一次地向人们敲响了警钟。

在太空中看地球，它像宝石般散射着蓝色的光芒，这代表了地球表面丰富的水源。然而地球环境的不断恶化，已经开始让不断升高的海平面对人类产生了极端的影响，科学家们预言，如果不加以控制，再过50年，南太平洋的岛国图瓦卢将被海水淹没，成为第一个因为环境恶化而消亡的国家。除此之外，全球气候变暖，日益严重的土地荒漠化，也将不断地影响整个地球物种的生存。这所有将要发生的一切，都在预示着地球似乎提前进入了衰老期。就像一个人，如果希望自己的寿命延长，就必须要保养一样，地球同样需要全人类的共同爱护。当有一天，所有的人都能意识到保护环境、爱护地球的重要性时，我们的家园——地球，将会持久地闪烁着太阳系中唯一的生命之光。

地球到底是什么形状的

你知道地球是什么形状的吗？
圆的？椭圆的？
可是专家告诉我们，地球的形状既不是圆的，也不是椭圆的。

想看清地球真实的形状，可不是轻而一举的事情。要知道我们人的平均身高只有1.65米，这里我们用米粒表示；而地球的身高，也就是地球的直径大约是1.9万千米，相当于我们手中150万个气球直径的总和。

那么渺小的我们，怎样能看清地球的形状呢？

站在空旷的平原上你是什么感觉？平坦的大地，天穹在你的头顶，天地在遥远的尽头联接成一体，所以我国古代有"天圆地方"的说法。这就是远古的人们最早凭眼睛直接看天、看地得出的对地球形状的认识。

然而就在一千多年前，一种神奇的天文景观改变了古人对地球的认识。星空中美丽的月亮被地球的影子所遮盖，当影子划过明月之后，古代的人们在惊恐之余，终于看到了地球的轮廓，原来我们脚下的大地是一个球体。

生活中许多细心的观察人们，也从一些现象推想到大地是球形的。站在海边期盼着出海的亲人归来，最先看见的总是帆船的桅尖，然后帆船的桅杆渐渐显露，最后才是整个船身。

直到1519年，葡萄牙航海家麦哲伦率领一支船队，从西班牙出发，在一望无际的大海中与风涛海浪搏斗，3年后船队又回到了西班牙，首次实现了人类环绕地球一周的航行，最终证实了地球是一个球体。

人们不禁继续猜测着：地球究竟是怎样的一个球？它有多大？有的科学家推测是"橘子"形状的，有的则推

> **地球的形状**
>
> 人类对地球形状的认识是随着科学技术的发展而逐步提高的。正圆球体、旋转椭球体、三轴椭球体以及地球形体等，对于地球的真实形状而言，可以说都是近似的。反过来，人们在生产斗争和科学实践中，也需要对地球的形状加以不同程度的简化。例如在制造地球仪或绘制全球性地图时，就必须把地球当做正圆球体来看待；当测绘大比例尺地形图时，又必须把地球作为有规则的参考椭球体来处理；而在发射人造天体及其轨道计算时，则需要把赤道的扁率以及各地对参考椭球体的偏离更精确地计算进去。因此，地球的形状不能用某种几何形状来表示，严格地说应称它为地球形体。

测是"西瓜"的形状,于是人们开始想尽各种办法来测量地球。

当时测量的方法有几种,除了用尺子以外,有的用脚步,还有的用车轮,不管用哪种方法,测量一个水果的大小是比较容易的,可是测量地球的大小就不那么容易了。

其中一种方法就是:测量一个标准杆影子的长度。地球是圆的,那么在某一点,标准杆影子的长度应该是一个定值。把气球压成椭圆,看同样一点影子变长了。运用这种方法,人们测量了许多点,发现这些点的影长都和圆的影长有误差,经过计算,结果证实地球不是圆的,而是椭圆形状的。

测量技术的引入告诉我们地球的形状不再是圆的了。20世纪前,无论地球是圆的还是椭圆的,无论人们使用什么方法对地球进行测量,都没有离开地球。

1957年世界上第一颗人造卫星进入太空,人类终于可以从更远的距离来观察我们的家园了,而这个观察不光是以肉眼能看的方式来进行,科学家们还采用了不少科技手段测量地球形状,比如,像给人测体温一样,科学家们通过地热学的方法来测量地球的热量。

中国科学院研究生院张健教授:"我们发现地球的北半球要比南半球要凉,也就是南半球要比北半球热,而且处于一种膨胀的趋势,北半球处于一种收缩的趋势。也就是说整个地球形状并不是一种球形而是一种梨形。"

这就是科学家描绘出来的梨形的地球,您可别误解,它与我们肉眼看到地球外形可不是一回事,这是科学家用卫星观测的重力场数据进行推算,并把它的结果放大2万倍后描绘出的地球形象。

通过这种技术展现出的地球形状已经和我们概念中的地球形状大相径庭,然而情况还不仅如此,随着科学技术的进一步发展,科学家们在给地球测体温的同时,还运用卫星重力技术,给地球称体重,用重量来反映地球的形状。

当科学家把空间测量重力场的观测结果引入到地表地貌的测绘中时,测绘出的地球形状更加令人吃惊不已。

在这图形上我们看到高的地方并不是高山,而我们看到低的地方也不是代表深谷。我们看到形状上的高低起伏是根据地球的平均重量变化值来描绘出来的。

为了让大家看了更明白我们拿蔬菜和水果来演示一下。这些水果蔬菜,按类划分它们的重量都一样。我们知道,地球上的海洋、高山、平原等,它们的地质结构、密度、成分都各不相同，就像这些水果和蔬菜。当科学家们用卫星重力技术去整体测量地球的时候，就好比让我们去描绘用这些重量相同的水果蔬菜组成的球体形状一样。发现了吗？奇形怪状的地球形状就是这么出来了。

　　马宗晋院士（中国地震局地质研究所）：人类认识地球的形状，经过了一个很漫长的时间。早期是用很简单的工具获得一点粗浅的认识，比如说，早期的天圆地方的观念是人用肉眼观察得到的。以后，地球从圆形变成椭圆形。这个过程是利用了测量的仪器。再往后，就是卫星上天以后，通过各种探测的方法才理解到了地球是一个比椭圆还复杂的扁椭圆、畸形的椭圆、梨形等等。所以，认识地球实际上就是人类科学技术发展的一个过程。目前我们知道，地球是一个复杂的扁球形，或者是梨形。今后形状还是会变化，而且伴随着地球形状的变化，我们的科学技术发展也要再前进，就会更惊喜地了解地球的变动。这对于我们人类生活和利用都是有好处的，我们也不知道今后球形到底会变成什么样子，但是我们要适应于地球，和地球和谐相处。

　　地球创造了生命的奇迹，它给予了我们丰富宝藏，然而我们对地球的了解又有多少呢？在浩瀚无垠的宇宙中，地球以它自有的规律运转着，变化着，这其中蕴藏着无穷的神秘莫测。因此今天我们看到的地球的形状，肯定不是地球的最终样子。未来的地球是个什么形状，我们谁也不知道。

公转中的地球

> **金星凌日**
>
> 金星轨道在地球轨道内侧,某些特殊时刻,地球、金星、太阳会在一条直线上,这时从地球上可以看到金星就像一个小黑点一样在太阳表面缓慢移动,天文学称之为"金星凌日"。

地球倾斜的自转轴总是指向同一方向,以致北半球更加倾斜而远离开太阳。

现在北极圈的夜晚持续20小时而白天只有4小时。在这个纬度上,地平线几乎平行于地球绕太阳运行的平面。

在赤道区域,地平线几乎与这个平面成直角。在黄昏时,太阳垂直地落下地平线。

当太阳刚好落到地平线之下时,叫做晨昏朦影。

这时太阳仍然把天空照亮一点点,直到它落到6度以下。

在我们中的大部人所在的第45纬度线,太阳需要1小时才能落下到地平线的6度以下,所以晨昏朦影持续1小时。

美国:环绕第45纬度线——西雅图和蒙特利尔——太阳需要1小时下落到地平线以下6度。因此晨昏朦影持续1小时。

日本:环绕第45纬度线——北海道——太阳需要1小时下落到地平线以下6度。因此晨昏朦影持续1小时。

在突尼西亚和西西里(美国:洛山矶或新奥尔良——日本:横山或昆山),太阳的路径更陡。在大约半小时后,太阳已经下落到地平线6度以下。晨昏朦影仅仅持续半小时。

在赤道上,夜晚在20分钟内出现;在北极,晨昏朦影持续6个星期。

可以用恒星做向导来考察地球的轨道轨道运动;从一个夜晚到下一个夜晚,它们向右边移动一度;在365天内移动一个完整的圆周。

实际上,这是由地球绕太阳运动引起的,显示为每一个恒星每夜提前一点点:早4分钟。一个月两小时。

这一周,在晚上10点,猎户座升出地平线。一个月之后的12月,今晚你在午后10点看到的恒星,将提前2个小时出现在同一位置,就是在晚上8点位于同一位置。而在1月份,你将在2小时之前,在下午6点,看到它们几乎位于同样的位置。而在2月份,更早2小时,午后4点。但是,天空仍然明亮。恒星的确是在那儿,你看不见它们,因为天空充满阳光。

每一个月,地球提前2个小时通过同一个恒星的前面。12个2小时就是24小时,完整的一昼夜。因此,在一年后,你将在如同今天同样的时间看到同一个恒星位于同样的位置。

在古代,人们根据恒星确定时间。你可以使用恒星作为巨大的时钟,只要不把恒星与行星混淆。

每年中,金星在不同的季节里照亮黄昏的夜空:1997年是在秋天。当金星在秋天黄昏时的西方天空可见时,第二天早上你将看到一个明亮的星星位于头天晚上你看见金星的地方。

这个星星就是天狼星。我们经常会把金星与天狼星混淆,因为那两个明亮的天体有时出现在同样的地方。

但是它们属于截然不同的世界。

天狼星是恒星,距离非常遥远。它的光线需要9年才能到达我们。

金星是行星。它并不发光,而是反射太阳光。金星非常靠近我们。它反射的光线在几分钟之内就可以到达我们。

我们是从非常遥远的地方观察天狼星。

我们在这个方向看见恒星,而下一年的同一天的同一时刻,我们将看见它在同一个方向。

但是金星会移动。第一年它在这儿,但是下一年,当我们在同样的时间查看同一点时,它跑到别的地方去了,跑到了太阳的后面。地球和金星要想到达同样的相对位置,必须互相追赶8年!

但是每一年的相同季节里,天狼星总在同一个位置上。

为什么金星黄昏时会出现在同样明亮的天狼星早晨出现的天空位置上呢?会有那么一天金星在天狼星面前走过吗?这是不可能的!

金星大致在地球和其他所有行星运行的同一平面内运行。12个构成星座的恒星群在天空背景上形成黄道带。

天狼星是位于双子座下面的大犬座的一部分，比黄道带矮。右边的猎户座低于金牛座。

金星在运行中将依次在黄道带的各个星座前面穿过金牛—双子—巨蟹……狮子和所有其他的，但是决不靠近天狼星……或在黄道带之上的大熊座之前。

那么为什么我们黄昏时候看见金星位于天狼星早晨出现的地方？

这又是由于地球自转轴的倾斜引起的：黄昏时，我们向这个方向观测并看见金星位于人马座之后。早晨，我们向同样方向观测，发现天狼星位于天空中同样的地方。

金星高高地位于右边黄道带的前面，将永远不会接近左边低处的天狼星。

在轨道上，金星比地球快。无论何时，当它大致每12个月一次地追上我们时，我们应当看到它在我们和太阳之间通过。但是金星的轨道比地球的略微倾斜，从地球上看来，金星经常是在太阳的下面或上面一点通过。

每年的6月和12月开始时，地球穿过金星的轨道平面。要与太阳严格地连成一条直线，金星必须准确地在同一天通过同一点，于是我们可以看到金星在太阳圆面上穿过的临日现象。

因此金星临日是非常稀有的事件：你必须等待一个世纪以上。但是一旦发生，就会在它短短的8年之后再次发生。

1761年，法国天文学家列·刚笛儿专门到印度去观测金星临日，那是一个小黑点在几个小时中度过日面。但是列·刚笛儿迟到了。失望之余，他坚持地留在了印度：因为他知道8年后金星将再次临日……

下一次金星临日将发生在2004年，于是在2012年将再发生一次。一个罕见的机会，让我们体会到地球运动是怎样在无序中建立有序。

地球的第一张照片

每过两个月,水星都会到达相对太阳说来最清晰的位置:这个时候是你看到这一小行星的最佳时机。当它靠近太阳时,通常会被太阳的灿烂光辉所淹没。

1977年8月,水星的上述最佳位置刚巧与下述极不寻常的事件相吻合,这就是月亮遮盖了水星。

水星比月亮的距离要远400倍,而它可以作为我们的向导,给我们指示出我们的人造卫星在围绕地球的轨道上的缓慢运动。

我们可以看到月牙形的月亮似乎越来越接近水星了。当它到达水星的前方时,水星突然不见了,从星空中消逝了!

月亮的发暗的部分遮盖了水星。月亮在水星前面移动,把它遮挡了,我们可以看到月亮正在运动。一小时以后,水星从月牙形的月球后面逐渐显现出来,但是,当这一时刻快要来到时,水星和月亮一起落到了地平线之下。

在欧洲西部——伦敦、巴黎、巴塞罗纳以西的地方,便能看到这一令人神往的景象。

1959年,宇航员从太空拍摄了第一张地球照片。这张照片使我们领悟到我们必须善待我们的地球,尤其是她最脆弱的表面——我们的大气层,也就是包围地球的一层薄薄的气体。

数十亿年来,大气层不断地改变着,最后演化成适宜于生命生存的气候与条件。例如,它的富含氧气的成分是相当晚的时候才形成的,仅有约4亿年时间。至于生命离开海洋,那只不过是在地球历史的最后十分之一的时间内发生的事情。

> **水星**
>
> 中国古代称之为辰星,是太阳系中的类地行星,其主要由石质和铁质构成,密度较高。自转周期很长,为58.65天,自转方向和公转方向相同,水星在88个地球日里就能绕太阳一周,平均速度47.89千米,是太阳系中运动最快的行星。无卫星环绕。它是八大行星中最小的行星,也是离太阳最近的行星。

再来看看暂短得多的最近40年。我们已经开始关注二氧化碳含量的增加，这是人类活动所造成的结果。在大气层中，二氧化碳阻止了热量向太空散发。这一"温室效应"对于我们的生存是至关重要的，因为它对气候起到稳定作用。然而，大气中过多的二氧化碳增加了温室效应，使得大气温度过高。如果我们要保护我们赖以生存的大气层，就要防止污染的发生。

首次拍摄的照片显示，我们的地球的确像我们地图册所描绘的那个样子。经线和纬线确定了地球上的每一个点：例如，纽约位于北纬41度，西经74度。

经纬这两种尺度似乎是相互关联的，然而它们的来源却大相径庭。纬度是根据赤道测定的，所以纽约是在赤道北边41度，这是一种自然的参考系。但是，经度却不一样了。纽约处于西经74度，然而在什么地方的西部？答案是在经度零点的西部，也就是格林尼治子午线的西部。然而，这条子午线不像赤道那样，它不是一种天然的参考系，而是人为地规定的。英国皇家天文台在伦敦近郊的格林尼治。几个世纪以来，所有的航海图都以格林尼治子午线为参考系，因而它便成为国际通用的经度零点。

这样，它也就成为地球自转的零点。它同样也是时间的参考点，因为格林尼治平时——缩写为GMT——已经成了标准时间。这样，空间和时间在这里汇合了。

我们的地球飞船被由经线和纬线组成的网格所覆盖了。这样我们就可以用经度和纬度确定地球上每一点的位置。例如：

巴黎：北纬49度，东经2度。

纽约：北纬41度，西经74度。

一艘遇险的船，只要给出它的位置：南纬4度，西经122度，就可找到它的精确方位，是在玛堪斯岛。

国际通用的标准米制：米与千米，也是来自于地球。按照规定，1千米就是赤道与北极之间的距离的万分之一，地球周长的四分之一就是1万千米。从北极的另一侧到赤道，就是另外的1万千米。从赤道到南极也是如此，最后就是剩下的四分之一，另外的1万千米。1万的4倍就是4万千米，这就是子午线的长度。赤道也应该是这么长。

然而地球并不是一个理想的球面。由于它自身的旋转，它略显扁平。离心力使得物质从中心向外离散，使得赤道部分向外突出。所以赤道离地心比极点离地心要远一些……因而赤道要比子午线圈长一些，差值是132千米。

离开格林尼治子午线180度的地方,是一条穿越太平洋的十分特殊的子午线,这就是国际日期变更线。譬如说,现在格林尼治正当中午时分,在地球上的任何地方都是星期六。但是在檀香山,是星期六早上2点,而在东京是星期六晚上10点。2小时以后,东京是子夜,星期六过去了,星期天开始了。在深蓝色的地区,已经是星期天了。但是在国际日期变更线另一边的檀香山,那儿还是清早4点钟,因而还将度过星期六一整天。

地球旋转,深蓝色部分的星期天将遍布整个球面,而浅蓝色的星期六将退缩消逝。子夜时刻,我们同样也进入了深蓝色的星期六地区,绝大多数欧洲城市也如此。然而在浅蓝色的檀香山,那儿仍然是星期六中午。其后,星期天降临到整个球面了。幸运的是,这条180度的子午线刚巧在太平洋的中部。被国际日期线分割开的那些岛屿相隔甚远。因而,当你遇到你的邻居的时间你早一天的情形,你也不会感到无所适从了。

监控大地

> **电子束**
> 又称电子注。在真空汇集成束。可采用静电场聚焦,磁场聚焦等方法。电子显微镜和电视机就是利用电子束形成影像的。

飞离地球、遨游太空是人类千百年来的梦想。

随着中国载人航天工程的实施,一批功能完善、技术先进的航天测控设施和装备相继建成。6月22日,西安卫星测控中心又传来好消息——中国轨道确定精度达到了米的量级,并且已经成功地对85个航天器进行了测控,无一失误。

目前,中国科学家已经建立了与国际接轨的网络管理中心,使过去只能同时监控十几颗卫星的同一张测控网,可以从容应对几十个乃至上百个航天器的测控管理,在世界航天领域独树一帜,为中国未来的航天器飞行测控奠定了坚实基础。

飞向太空的航程

自从1961年人类第一次飞向外太空,普通人的太空旅行就成了备受关注的话题,现在它终于变成了现实。

在大气层边缘划过一道美丽的弧线,6月21号,由美国开发的"宇宙飞船一号"在太空短暂逗留后成功返回地面。这是第一架投入商业运营的载人航天器首次飞入太空,这意味着没有政府参与的太空旅游时代正悄悄到来。

"宇宙飞船一号"由美国专家设计,依靠火箭提供动力,虽然由石墨复合材料制造的飞船可以容纳3人乘坐,但因为是首飞,这次飞船中只坐了62岁的驾驶员一人。

上午10点左右,飞船按计划冲向一百多千米的太空,比国际规定的大气层边缘多出124米,并且停留了3分钟。

中国科学家认为,"宇宙飞船一号"与真正载人航天飞船的最大区别在于飞行高度,神州五号达到的高度是三百多千米。而这种距离地表一百多千米的飞行叫做"亚轨道飞行",是指宇宙飞船进入太空,但未进入绕行地球轨道的飞行状态,实际上,它只相当于一架速度很快的飞机,而不像真正的航天飞机那样,在太空中运行很长的时间,围绕地球转一圈再飞回来。

这次的飞行时间选择在清晨,是因为这个时间强风较少,而且低角度的阳光可以令地球上的景观更清晰。中国科学家认为,亚轨道飞行的成本和危险性低,但它能否推广还要看市场有多大。

最小的航天探测器

"宇宙飞船一号"的这次飞行大约花费10万美元,这个数字对于大多数人来说,还是太遥不可及。普及到个人的太空旅行急需降低成本,在航空科技领域,庞大的科研支出也给各国政府带来了不小的压力。现在,为了降低科研成本,美国宇航局的科学家将目光锁定在"小"字上。

这是一套用于研究超微小物质的系统。目前,科学家希望把它的体积缩小到硬币大小,并且直接应用于航天科技。尽管里面的计算机芯片已经小到肉眼几乎无法识别,但它却可以将一根睫毛放大到像一块广告牌那么大。屏幕上显示的这些直线实际上只有十万分之一毫米粗。

这种名叫电子束的系统可以锁定笔尖的十万分之一那么大的区域,我们可以利用它绘制微小物质的结构图,而这项技术也将被应用在下一代计算机存储芯片和中央处理器中。不过研究它的最终目的是为了开发出只有大头针五百分之一大小的太空探测仪器。

当科学家用速度战胜了地球引力,遨游外太空的梦想就变成现实,现在科学家又致力于更加节省能源、节约经费的研究中,这标志着一个低成本的太空旅行新时代即将到来。

追踪地球"黑金"

什么东西它一旦枯竭,绝大多数的飞机、汽车面临瘫痪;四通八达的柏油马路再不能无限延伸;挺扩、无皱的化纤面料从商场中消失;生活用品也不再琳琅满目、五花八门,原本先进富足的社会一下子倒退一百多年——那就是我们不可或缺的石油。

今天人们称石油为"黑色的金子",足见它的价值。最早发现和使用它的是中国古人,然而在20世纪50年代初,中国却被认为是贫油的国家。因为依据当时世界上权威的"海相成油"理论,中国的地层没有生成"黑金"的先决条件。我们脚下的地层中真的没有石油吗?这成了萦绕在科学家心头的疑问。

经过努力探索,科学家推断在中国的陆相盆地中,远古的湖泊同样能够产生石油,他们开始了追踪"黑金"的征程,自1959年开始,相继发现了大庆、胜利等油田,建立了有中国地质特点的"陆相成油"的理论。

中国终于有了自己的石油工业,使经济获得了充足的动力,而长远来看,必须寻求更多的石油资源,以满足未来国家发展的需要,科学家对"黑金"展开了第二次追寻。

如果说第一次追踪石油是找寻江河、湖泊的话,那么第二次追踪就好像寻找错综复杂的水网。先进的科技勘探手段,为他们助了一臂之力,科学家用了近十年的时间,找到了躲藏在复杂结构中的"黑金",创立了"复式油气聚集带"的理论,从而保持了中国东部油田石油开采产量的稳定增长。

> **隐蔽油气藏**
>
> 最早由卡尔(1880)提出。是指较难发现和识别的油气藏类型。威尔逊(1934)提出了非构造圈闭是"由于岩层孔隙度变化而封闭的储集层"的观点。莱福生(1936)提出了地层圈闭的概念,并发表了题为"地层型油田"的论文。哈尔伯蒂(1972)著文将地层圈闭、不整合圈闭、古地形圈闭所形成的油气藏统称为隐蔽油气藏。
>
> 随着油气勘探技术的发展和研究工作的深入,隐蔽油气藏的内涵扩大为:在现有勘探方法和技术水平的条件下,较难识别和描述的油气藏类型,通常泛指所有非构造圈闭油气藏。

20世纪90年代后期,中国石油的开采速度已经无法赶上经济高速发展的步伐,石油进口逐年增加,探寻新的石油资源变得更为急迫。

而这次追踪石油,不像找江河、湖泊,也不像找水网,更像是去发现一股股深藏不露的泉水。科学家们把目标锁定在地质结构更为复杂、分布更为隐蔽、一般的技术手段难以发现的油藏。

他们给石油聚集地编织了一个立体的、密集的大网,网的横向是渤海湾盆地的每一寸土地,纵向则一米、一米向下延伸,直到5 000米深的地层。

计算机三维解释技术让隐蔽的"黑金"显现出来。对3万多块岩石样品的分析和几百次模拟实验,让科学家查清了"黑金"的特征。

2003年,他们终于追踪到"隐蔽黑金"的藏身之地,创建了"陆相断陷盆地隐蔽油气藏"的全新的理论,并找到不同类型的"隐蔽油气藏"的勘探方法,以指导国内外同类油气田的勘探、开发。

隐蔽的油气资源没能逃过科学家的眼睛,现已勘探到的隐蔽油气藏使我国东部石油资源的探明储量增加了一倍,为我国石油的储备奠定了坚实的基础。

人类石油勘探技术的日益精湛,让蕴藏在大地深处的石油宝藏无所遁形,也使石油枯竭的危机日益迫近。今天,人类正努力开发太阳能、核能、风能等替代能源,甚至设想远赴月球、火星寻找资源。在未来我们留给后代的不应该是能源危机,而应该是取之不尽的资源。

电离层骚扰预报

> **电离层骚扰**
>
> 一种来势很猛但持续时间不长（一般为几分钟至几小时）的扰动，它仅发生在日照面电离层的D层。这种扰动由太阳耀斑引起，耀斑区发出的强烈远紫外辐射和X射线，大约8分钟后到达地球，使地球向阳面电离层特别是D层中的电子密度突然增大。这种现象称为电离层突然骚扰。当发生这种骚扰时，从甚低频到甚高频的电波传播状态均有急剧变化。例如，由于D层电子密度增大，经过D层传播的高频无线电波突然受到强烈吸收，常出现短波通信中断，称为短波消失现象。来自天外的宇宙噪声，由于D层吸收突然增加而强度突然减弱，称为宇宙噪声突然吸收。但从D层反射的长波和超长波信号突然变强，相位也发生突变，称为突然相位异常现象；而接收远处雷电产生的"天电

2000年六七月，我国科技工作者连续几次成功地预报了太阳爆发对地球造成中强度和特大型电离层骚扰，这使电离层骚扰预报引来了人们更多的关注。

2000年是太阳活动峰年，太阳活动一旦引起地球电离层扰动，将会影响通信广播等高技术系统。

电离层是距地球80千米以外的处于电离状态的高层大气区域。人类发明的高频通信广播之所以能够覆盖全球，使我们实现远距离传输，全靠电离层对地面发出的广播通信信号的反射。

太阳剧烈活动喷发的物质一旦袭击地球，造成地球电离层扰动，就可能会使卫星受到干扰，发生信号不稳，传输信号出现误码，甚至信号中断等现象；电离层骚扰还会使通信广播信号偏离预定的接收区域，甚至会使信号中断。此外电离层骚扰还可能危及高纬度地区的某些工业系统，如输电系统 输油输气管线系统的安全。

太阳主宰着地球的天气形势，但我们有天气预报。那么太阳造成地球电离层骚扰是否也可以事先预报呢？答案是肯定的。

实现电离层骚扰预报通常要参考太阳活动预报、空间环境预报、地磁活动预报。太阳喷发的物质通常以三种类型速度传播。第一种是电磁波辐射、射线等以光速前进，大约8分半钟到达地球，给地球造成猝不及防的突然电离层骚扰；第二种是速度较慢的高能质子，几小时到几十个小时到达地球，沉降到地球的极冠区和高纬度区域，造成此处上层的电离层扰动；第三种是带电粒子流，需要1~3天才能到达地球，它可以引起局部甚至全球的电离层

骚扰。电离层骚扰预报就是要和这些时间赛跑。

中国电波传播研究所是国家授权的对外发布电离层骚扰预报的单位,它在全国设立的10个电波观测站每天24小时对电离层进行监测,其数据在互联网上国际共享,同时获得每5分钟或1分钟更新一次的世界各地对太阳活动的监测数据,并以此分析出太阳活动能否影响到电离层以及可能造成的电离层骚扰是区域性的,还是全球性的,并将分析结果及时通报给用户,减少可能造成的损失。

2000年我国科技工作者成功地预报了几次特大型电离层骚扰,这标志着我国空间天气预报技术和水平的长足进步。

> "干扰"的强度也明显增强,称为天电突增。甚高频低电离层散射传播信号也将增强。此外,耀斑期间,E层和F层底部的电子密度也突然增加,可引起短波频率突然偏离现象。

无穷大

星系

> 恒星系或称星系,是宇宙中庞大的星星的"岛屿",它也是宇宙中最大、最美丽的天体系统之一。到目前为止,人们已在宇宙观测到了约1 000亿个星系。它们中有的离我们较近,可以清楚地观测到它们的结构;有的非常遥远,目前所知最远的星系离我们有将近150亿光年。

我们探索太空的旅程将从澳大利亚出发。

旅行能使人思路开阔。我们的这次旅行就是去测量宇宙——这一世界上最广袤的物体,并确定我们在茫茫宇宙中的位置。我们选择从澳大利亚出发,因为它是观测离我们最近的两个星系的理想地点,这两个小星系就是大小麦哲伦星云,小麦哲伦星云在中间,大麦哲伦星云在右方,1987年,在大麦哲伦星云中爆发了一颗超新星。确切地说,这次超新星爆发发生在距今16万年以前,因为光从大麦哲伦星云传播到地球需要这么长的时间。

仙女座星系是离我们最近的大星系,它离我们有两百多万光年。银币星系离我们有1 000万光年的距离,它同仙女座星系以及银河系一样,都是旋涡星系。我们的银河系大体上就是这个样子。这是距我们1 000万光年的另一个旋涡星系——M83,从这个星系发出的光需要2 000万年才能到达我们地球。而这个星系则需要3 500万年的时间。这是美丽的草帽星系,它的光到达我们需要4 000万年。这些旋涡星系虽然距离我们很远,但和其他星系相比,它们只不过是很近的几颗。

这是室女A星系,它看上去很不一样,就像一个篮球,这类星系叫椭圆星系。室女A星系是距我们6 000万光年的室女星系团的一个成员,室女星系团由大约1 000个星系组成,而它自己又是室女超星系团的一部分。万有引力的作用使星系聚在一起形成了星系团。

但我们是如何知道这些的?我们又是如何测量宇宙,甚至是银河系中心到我们的距离的呢?我们的银河系是本星系群的30个成员星系之一,本星系群又隶属于一个星系团,而这个星系团又是一个超星系团的一部分。超星系团成为组成宇宙的基石。为建立起这种模型,天文学家使用了一种工具——"标准烛光"。

这是这个星系中的一支标准烛光——脉动变星,它的亮度就像时钟一样周期性地忽亮忽暗。我们把它叫造父变星。随着星体的膨胀和收缩,它的亮度也就变亮或变暗。这颗造父变星大而明亮,脉动较慢。而这颗则又小又暗,脉动得也较快。造父变星的脉动周期与其固有亮度直接相关。所以,如果我们知道了近处造父变星的距离和真实亮度,我们就能算出遥远处的脉动周期相同但看上去较暗的造父变星的距离。

用这种方法,把银河系中的造父变星与仙女座星系中看上去更暗的造父变星进行比较,我们得知了仙女座星系到我们的距离为220万光年。

但是,地面上的望远镜只能探测到1 500万光年以内的造父变星,像这个距离我们5 500万光年的星系,只能用哈勃空间望远镜来观测。这个距离我们8 000万光年的星系也是一样。超过这个距离,我们就必须用另外一类标准烛光,天文学家称之为1型超新星。

1型超新星是天文学上除了造父变星以外的另一类标准烛光,产生于双星系统,其中一颗星在它的吸积盘的旋涡中心,是白矮星,不断地吞食其伴星的物质。当白矮星的质量增加到太阳质量的一倍半时,它就会爆炸——这就是1型超新星。它们爆发的强度总是一样的,所以1型超新星成为我们新的标准烛光。

根据造父变星,我们知道这个星系的距离。而由于这个星系中同时存在有1型超新星,这就给出了这种新的标准烛光的距离。这种1型超新星标准烛光,使人类能够测到比造父变星远100倍以上的宇宙深处。

实际上我们的旅行才刚刚开始。20世纪20年代,美国天文学家哈勃发现我们的宇宙是在不断膨胀的,星系正从四面八方远离我们而去。证据来自星系发出的光。当星系远离我们运动时,它的光谱的谱线会向红端移动。远离的速度越大,谱线的这种红移也越大。对红移的测量是天文学家确定宇宙中的大小和形状的最有力的工具。

测量显示,宇宙最远处距离我们150亿光年。

20世纪60年代初,天文学家辨认出了一些强的射电噪声源,通过光学望远镜,这些射电源看上去很像普通恒星,但它们不可能是恒星,因为其红移显示,它们是在几十亿光年的宇宙深处。它们不是射电星系,因为,半人马A射电源有强的射电噪声,但能量没那么大。

　　它们也不是有着亮核的射电源——像赛弗特星系。赛弗特星系的能量要比射电星系低100倍,而比这种神秘射电源的能量至少低1万倍。但这三种射电源的能源机制都是大质量的黑洞。这种黑洞是极其强大的,它每分钟吞噬掉超过600个地球质量的物质。这些射电天文学家发现的正是类星体。类星体极其明亮,它们是宇宙中能量最高的天体,也是最古老和最遥远的天体之一,有极高的红移。

　　我们的宇宙之行又有了另一大发现——星系的碰撞,这是天线星系——它是一对并合星系。计算机模拟显示,这两个旋涡星系并不真的发生碰撞,而只是像两只宇宙钟摆一样彼此来回摆动。引力相互作用使它喷射出两条巨大的尾巴,就像昆虫的触角一样。

　　星系的并合触发了星暴,新的恒星不断产生。天线星系距离我们6 300万光年,在它的中心,新的恒星爆发性地出现。这个碰撞更显出破坏性。碰过来的星系正在掉向它的大质量伴星系,并将其结构摧毁。这里是同一效应的一张真实的画面,它是车轮星系。在这个碰撞中,两个星系都不显露出来,而是形成一个超星系……有专家指出,银河系也有可能和仙女座星系碰撞,但那是在遥远的100亿年以后。

传动新方式

宇宙飞船或卫星上的太阳能帆板，要时刻正对着太阳，那么它转动的速度是比较缓慢的，有可能几个小时，或者是几十个小时转一圈。而带动它旋转的也是电机，但电机每分钟就要转几千转，可见二者之间的转速有巨大的差异。由每分钟几千转的速度降为几小时转一圈，实现这种大比例的减速，实际上是一个难题。

世界上一些发达国家的科研人员针对这一难题，各自展开了多年的攻关研究，首先是美国、日本、俄罗斯等国在这方面取得了较大突破，研制出了谐波传动装置。

谐波传动，是一种新型传动方式，这种装置看起来也很简单，其核心部分是由3个轮组成，但这3个轮是比较特殊的，最里圈轮为椭圆形的叫波发生器。中间的为柔轮，它可以变形，最外圈的是不可变形的刚轮。

这三个构件组合在一起，电机带动最里圈的椭圆形轮转动。椭圆形轮又驱驶柔性轮不断变型和旋转，柔性轮的齿与外圈圆形轮时而啮合，时而不啮合，这样的旋转，到了最外圈的轮已大大低于最里圈轮的速度。如果把太阳帆板就固定在最外圈的轮上，它可以保持较慢的转速，甚至是与太阳同步。

谐波传动装置，正像我们所说的看起来简单，但它在实现减速方面，是一种非常巧妙的构思。中国对谐波传动技术的研究也进行了多年，并于1999年被列入"863"计划，而且成立了国家级研究推广中心。

这个中心集中了一批科研人员，他们通过联合攻关，在分析消化吸收国外经验基础上，进行自主开发，针对轮齿形状、材料性能、数学模型建立等关键性问题，在设计

> **谐波传动**
> 是利用一个构建的可控制的弹性变形来实现机械运动的传递。谐波传动通常由3个基本构件组成，包括一个有内齿的刚轮，一个工作时可产生径向弹性变形并带有外齿的柔轮和一个装在柔轮内部、呈椭圆形、外圈带有滚动轴承的波发生器。柔轮的外齿数少于刚轮的内齿数。在波发生器转动时，相应于长轴方向的柔轮外齿正好完全啮入刚轮的内齿；在短轴方向，则外齿全脱开内齿。当刚轮固定，波发生器发生转动时，柔轮的外齿将依次啮入和啮出刚轮的内齿，柔轮齿圈上的任意一点的径向位移将呈近似于余弦波形的变化，所以这种传动称为谐波传动。

和研制方面不断创新和提出新方案，并取得了阶段性的成果，使我国成为了世界上能够掌握此项技术的少数国家之一。

谐波传动，是随着航天及空间科学的发展而出现的一种具有突破性的新型传动技术，它与一般的传动如皮带、链条和两个齿轮之间直接啮合相比，达到同样的减速要求，其装置体积小、重量轻，而且传动精度高。

中国已送上太空的"神舟号"试验飞船，我们可以看到上面伸出的四个"翅膀"，那就是将太阳能转换成电能的帆板，而驱动它跟踪太阳转动就用的是谐波传动装置。

如果不使用谐波传动装置，要想让帆板保持跟踪太阳旋转速度，其传动部分的设备重量就会大大增加和占用更大的空间。而减轻无效载荷，节省出空间，这对于飞船来说是非常重要的。

谐波传动在减速等方面有突出优势，所以能够进入众多领域。一台机器人，要做到自如行走也是由电机带动的，但从电机每分钟几千转的速度到机器人一个缓慢合理及精确的动作，也离不开谐波传动装置。谐波传动还广泛应用于仿生科学、地面卫星站、医疗器械等方面。

中国谐波传动技术研究在国家"863"计划支持下有了较大进展，使我国已接近或达到国际先进水平。以后，随着这项技术进一步完善，它将会满足更多方面的要求。

高性能对地观测微小卫星

刚刚开通的北京四环路,给北京市民的出行带来了很多便利。当我们坐着汽车在气势宏伟的立交桥上经过的时候,看着路边的绿化带,总有一种"不识庐山真面目"的感觉。现在,我们可以通过高性能对地观测微小卫星系统,直观地看到园艺师为美化我们的环境做出的辛勤工作。

现在我们看到的就是一颗将要投入使用的微小卫星模型。它的重量仅有130千克,体积不足1立方米。就是这样一个小东西,在距离地面686千米的高空工作,可以给我们提供地球上任意一个地区4米高分辨率的图像信息,图像范围可以达到600千米。通俗地讲,微小卫星内部的工作系统,就相当于一台普通电脑和一个数码照相机的联合体在高空工作。

童庆禧(中国科学院院士):"小卫星现在可以小到一吨以下,500千克以下,甚至100千克以下,10千克以下,我们把它称为纳米卫星。小卫星最重要的特点,就是给我们创造了一个快、好、省进入到空间,来研究空间、研究地球环境的一个有效的技术。"

微小卫星是借助于搭载或专用小火箭等相对廉价的运载工具发射的小型、轻量、功能单一的卫星。它的制造成本还不到宇航级卫星的十分之一。小卫星是大卫星的合作者,在某些方面也是大卫星的竞争者。通过多颗小卫星组成微小卫星网或星座,在功能上相互配合、补充,可满足我们在不同方面的需求。

这是微小卫星拍摄到的我国西北某地区的土地资源利用图,通过小卫星地面信息处理系统,对这些图片进行

> **微小卫星**
>
> 重量在100千克到1 000千克的卫星称为小卫星;重量小于100千克的卫星称为微小卫星;重量小于10千克的卫星称为纳型卫星;重量小于1千克的卫星称为皮型卫星。
>
> 微小卫星是有明确用途的新一代卫星。其特点是:新技术含量高、研制周期短(一年左右)、研制经费低(数千万人民币量级),且可以进一步组网,以分布式的星座形成"虚拟大卫星"。

光谱分析和技术处理,我们就可以直观地看到这一地区土地沙化的程度,为我们防治土地荒漠化提供了精确的图像和数据资料。

我们还可以利用高性能微小卫星对地监测系统合理规划城市道路交通布局、监测环境状况,为北京举办大型活动和国际体育赛事提供全方位完备的信息支撑。

西单是北京重要的商业区,这几年发生了巨大的变化,如何让现有的资源发挥最佳效益,更科学地建设西单,微小卫星为我们提供了第一手信息。我们把它在西单上空同一位置、不同时间拍摄的照片做一对比,就能够清楚地看出这里可供进一步开发利用的空间。

在未来几年,北京将要兴建一批综合性大型体育场馆。使用高性能对地观测微小卫星,可以在整个北京为场馆选择最合理的建设地点,使之与周边环境协调一致。还可以利用真实模拟技术,对这些场馆的规模、高度进行合理的控制。

高性能对地观测微小卫星系统,将会给我们的生活带来更多的便利。它不仅能在城市规划中大显身手,还会在智能交通、全球卫星移动通讯等方面有着更加广泛的应用前景。可以说小卫星就像人类在高空架起的眼睛,让我们更直观地了解人类赖以生存的环境,合理地配置有限的资源。

卫星气象监测

2002年5月15日,我国在太原卫星发射基地用长征四号乙运载火箭将极地轨道气象卫星风云一号D星和搭载的海洋一号卫星同时送入预定轨道,并开始获取卫星遥感图像。

9月18日,中国国防科学技术工业委员会、国家海洋局、中国气象局、解放军总装备部、中国航天科技集团公司在人民大会堂隆重举行风云一号D星/海洋一号A星交付仪式。

气象卫星从太空观测地球,具有覆盖范围广、信息量大、重复频率高、信息源可靠等优势,能够实时、宏观、动态、大面积地获得大气和环境的真实信息,对台风、暴雨、洪灾、火灾进行有限的动态监测,为天气预报、气候研究、灾情监测评估、生态环境监测、农作物估产提供了重要的科学依据。

我国是自然灾害最严重的国家之一。目前,我国每年自然灾害所造成的损失在1 000亿元以上,风云一号D星发射3个多月来,已在今年汛期天气预报服务中发挥了重大作用。

2002年8月,长江出现类似1998年大洪水,风云一号D进行了严密的监测。8月23日、24日卫星云图显示洞庭湖水体比8月22日明显增大,但未超出警戒范围,为抗灾一线提供了科学的决策依据。

风云一号D星对七大江河水情进行监视,2002年7月4日至7月15日在飞越祖国上空时俯瞰了黄河调水调沙试验,为"数字黄河"提供宝贵的资料。

风云一号D星监测火情准确、及时。6月15日,红外

> **风云气象卫星**
> 中国气象卫星系列。中国于1977年开始研制气象卫星,1988年、1990年和1999年,先后发射了3颗第一代极轨气象卫星,即风云一号A、B和C、D气象卫星。1997年和2000年又先后发射了两颗静止轨道风云二号气象卫星,组成了中国气象卫星业务监测系统,成为继美、俄之后世界上同时拥有两种轨道气象卫星的国家。

通道刚刚打开，就看到安徽、江苏和山东的热源火点。7月27日起，监测到大兴安岭林区火情，昼夜跟踪监测，在第一时间将火灾图像传送给国家林业局森林防火办，一直监测服务到大火被扑灭。

2002年8月29日，气象卫星监测到森拉克台风在太平洋上空生成，并对它的移动路径和强度进行实时监测，我国气象部门在台风登陆前48小时发布了强台风警报。

沙尘暴是近几年大家十分关注的灾害。风云一号监测到的由内蒙古移动到东北的沙尘暴涡旋边缘十分清晰，不仅给沙尘暴预报提供直观的图像，同时为研究沙尘暴机理提供了极有价值的资料。

我国风云气象卫星已被世界气象组织正式列为业务气象卫星，成为了全球气象卫星观测网的一员。风云气象卫星使我们能尽早地监测到各类自然灾害的形成和发展过程，并提前发布监测消息和警报，将灾害损失降到最低限度，为国民经济和国防建设发挥了重要作用。

第一颗　1988年9月7日发射风云一号A星。
第二颗　1990年9月3日发射风云一号B星。
第三颗　1999年5月10日发射风云一号C星。
第四颗　2002年5月15日发射风云一号D星。

风洞

中国空气动力研究基地高速所2.4米跨音速风洞控制室。返回舱测力试验现在开始准备,各岗位报告准备情况。

一号岗位准备完毕。

二号岗位准备完毕。

三号岗位准备完毕。

四号岗位准备完毕。

各岗位注意,现在准备开车,3、2、1,现在开车。

这是正在中国空气动力研究基地的风洞中,对我国载人航天飞船——神舟号飞船的返回舱,进行几何外形定型前的测力试验。

华杰(国空气动力研究与发展中心高速所204研究室主任):"返回舱在从大气层飞回以后,我们要求它不能旋转,以一个角度来着陆,这样就保证飞船本身和太空飞行员的安全。飞船通过这些风洞试验,我们可以确定它的最佳外形,这样的话,飞船可以稳定地飞行,也就是说,不发生旋转,不偏离轨迹。有了这些风洞试验数据,我们就可以成功地进行发射,成功地进行回收。"

随着我国神舟号载人航天飞船的又一次成功发射,为飞行器的研制提供空气动力科学数据的风洞,也日益受到了人们的关注。

在我国众多的风洞试验设备中,由中国空气动力研究与发展中心自主设计建设的2.4米跨音速风洞,是目前亚洲最大的跨音速风洞。2.4米跨音速风洞其实就是一个长66.5米、宽33米、重达四千多吨的椭圆型钢铁巨龙,它主要是通过引导和喷射相结合的方式,控制人造气流在管

> **风洞**
>
> 是能人工产生和控制气流,以模拟飞行器或物体周围气体的流动,并可量度气流对物体的作用以及观察物理现象的一种管道状实验设备,它是进行空气动力实验最常用、最有效的工具。

道内进行流动,来达到模拟物体在空气中快速运动时的受力状况。由于它的试验区的横截面是一个2.4米乘以2.4米的正方形,加上能够真实地模拟并测量飞机等飞行器在空中以声音在空气中传递速度的0.3到1.2倍速度运动时所受到的各种空气阻力,模拟试验的飞行速度从低于声音的传递速度跨越到超过声音的速度,因此科研人员称它为2.4米跨音速风洞。

2.4米跨音速风洞的建成,使得我国成为世界上继美国、俄罗斯、英国和法国之后第五个拥有这种风洞的国家,标志着我国的航空航天飞行器的试验研究设备迈上了一个全新的台阶。

像2.4米跨音速风洞这样能够模拟气流以超过声音传递的速度运动来进行试验的风洞,被称为高速风洞,它们主要被用来研制飞机、飞船、火箭和导弹等飞行器。那些模拟气流以低于声音传递的速度运动来进行试验的低速风洞,则与我们的日常生活有着紧密的联系,像上海的东方明珠电视塔这样的高层建筑,长江大桥等桥梁,以及高速列车、汽车等等各种车辆,它们的设计都离不开风洞试验。

现在,风洞的重要性逐渐被人们所认识,相信在不久的将来,风洞必将在我国航空航天技术的发展和经济建设中发挥更加独特的作用。

科学"预言"家

我们已经知道,16世纪诺查丹马斯1999世界大劫难的预言被现实击破,古代术士看天象测吉凶的预言也明显是行骗。那么,在事情发生前,人类就真的没有能力进行预言吗?在北京,有这么一个人,他不测天象、不算天命,却料事如神,他的任务就是预测中国的粮食产量。

说到预言家,你可能会想到神机妙算的诸葛亮通过夜观天象而运筹帷幄;可能会想到佛朗西斯·培根提前400年就预言出20世纪的飞机和轮船。如今,依靠科技,我们也可以提前几个月预言出狮子座流星雨或者某一颗彗星的光临。对于科学家来说,看似神秘的预言其实就是对科学规律的掌握。

陈锡康,中国科学院数学与系统科学研究院研究员。他让人感觉神秘的地方就是,在春天他就知道当年秋天我国小麦、水稻是歉收还是丰收,而且还能精确地说出稻谷产量是多少亿斤。

中国幅员辽阔,耕地面积为19亿亩左右,各地自然条件差异极大,影响粮食产量的因素非常复杂。通常需要预测产量的粮食包括稻谷、小麦、玉米等8种作物品种,要精确无误地预测出粮食产量,没有绝招谈何容易。

国际上通常根据温度、降雨、日照等气象因素对粮食产量的影响,来判定粮食作物收获时的产量,但是目前世界气象预报水平有限,对2个月以后的天气情况难以作出可靠的预报,因此这种方法只能提前2个月预测出当年的粮食产量。

运用卫星上的遥感技术,也能作为预测粮食作物产量

全国粮食产量预测

国际上主要采用气象预报法、遥感技术和统计动力学生长模拟法进行粮食产量预测。其预测误差一般为产量的5%~10%。该研究提出了新的预测方法,即系统综合因素预测法,综合地考虑了社会、经济、技术因素和气象因素的作用,利用系统科学方法和计算机进行预测。创立了投入占用产出技术,研究了农业投入、占用与农业产出的相互联系。1980~1994年每年4月底5月初对当年全国粮食产量进行预测,14年的预测平均误差仅为产量的1.4%左右,预测提前期为半年以上,在预测技术和预测精度上居国际领先地位。

的手段。比如可以分辨出地面有多少面积种了粮食,以及粮食作物的生长情况,但是地表作物必须到了成熟阶段,才能被卫星上的仪器捕捉到,因此预测也只能提前2个月左右。

我国有13亿人口,国情决定了要提前6个月就知道粮食产量,才能更有利于国家的宏观决策,这对世界科学家来说都是道难题。

数学家们知道,在看似杂乱无章的现象中找到规律是预测精确的关键所在。陈锡康研究员带领他的团队,首先分析和提炼出影响粮食产量的主要因素。之后利用数学方法论证重要因素之间的关系和影响的多少,建立初步的方程式。最后,不断重复上面的程序,经过反复的论证、计算,最终确定计算出粮食产量的最佳方程。

就是这样,陈锡康研究员找到了一种粮食产量系统综合因素预测法,神话般的每年在4月底提前半年预测出中国全年的粮食产量,而且预测得相当准确。

提前半年预测,这意味着有的作物还没种,就已经知道其产量了。23年的预测结果证明:平均误差在3%以下,也就是说50千克粮食,平均误差1.5千克,而在预测最准的年份,可以达到50千克粮食仅差100克。

掌握了科学的预测思路,就如同找到了一把神奇的金钥匙。陈锡康研究员所采用的方法,还可以用在水资源、环境和能源等领域的预测。为此2004年3月19日,陈锡康研究员荣获2003年"中国科学院杰出科技成就奖"。

日食和大行星之旅

当月亮到达地球—太阳的连线上，就呈现朔月状态。每年会遇到两次这样的机会，这时就会发生日食。

月亮在太空中留下一个阴影，每个月，这一阴影掠过地球一次，刚好在我们的上面或下面。

每年两次，月亮会到达这样一个位置，它刚好与太阳和地球排成一线。

这时，月亮的阴影投射在地球上，遮盖了太阳，这就是一次日食。

日食发生时，在大白天我们也能看到恒星与行星。

要使月亮的阴影刚巧投射在地球上，月亮必须在恰当的时间经过我们称之为"节点"的位置。

如果月亮稍稍来迟，那么只能部分地遮盖太阳，发生一次日偏食。这时，月亮的阴影只能掠过南极，时间是在子夜之前，因而这种现象只有在澳大利亚才能观察到。

当发生日全食时，就能验证阿尔伯特·爱因斯坦的著名的相对论。当爱因斯坦对宇宙作出思考时，他得出结论：一个像太阳那样重的物体，必定在时空中形成一个"陷阱"，并且从理论上说来，光线在这一"陷阱"附近会发生弯曲，正如一个高尔夫球会绕着一个洞穴进行类似旋涡那样的运动。

在1919年的一次日全食发生时，有一颗名叫金牛贝塔的恒星几乎与太阳在一条直线上：它却出现在稍稍偏右的很远的地方。这颗恒星可望出现在某一地方，但它却出现在另一个地方，离太阳很远。

从这颗恒星发出的光线经过太阳附近后到达地球，而太阳的质量使得光线从直线弯曲成弧线。这样我们看

"

大行星

绕太阳运行的9颗大行星的总称。依距离太阳远近其顺序是水星、金星、地球、火星、木星、土星、天王星、海王星和冥王星。

到的恒星在太阳右边,而实际上它的真实位置是在左边。这就证明了,太阳巨大的质量的确会使光线弯曲。

当一个天体的质量比太阳比还要大很多时,它会引起更严重的时空弯曲,那么这个天体就会成为一个无底的深渊,能把包括光线在内的一切东西吞噬掉。这就是我们为什么称之为黑洞的原因。

月亮绕着地球运转的轨道稍为有点扁。每转5圈,月亮的阴影都从地球的偏上或偏下的地方经过。但在第6圈时,月亮正好经过太阳与地球之间,它的阴影刚巧落在地球上。月亮转到第6圈——也就是每过6个月,就会在地球的某一地方引发一次日食。然而日全食的区域只是一条很窄的带状区,有200千米宽,所以你只能在合适的时间并且在合适的地方才能有幸看到日全食。

在日食之前或日食之后的两星期,还会发生一次月食,要想看到它为时还早。两星期以后,当地球与太阳连成一线,月亮将在太阳的另一边穿过这一连线。这时,它进入到地球的巨大的圆锥形阴影之中,这就发生了一次月食。

地球要比月亮大4倍,所以它的阴影也要大4倍。整个月亮都会隐匿在这一阴影中,要花2个小时,才能穿出去,所以在地球上处于夜晚的部分每一个人都会看到月食。

月亮能够帮助我们去发现行星。1997年9月,出现了一次罕见的事件:实际上,所有行星都在夜空中会聚在一起,即所谓"联珠"现象,月亮将带着我们去做美妙的行星际旅行,从一个行星到另一行星,一夜又一夜。首先是金星……

- 其后,月亮朝着火星的右侧行进,
- 再到下一夜晚,月亮经过火星,
- 一天之后,月亮成为半月状,在冥王星下边穿过,不过,不借助于高倍望远镜你看不到冥王星,但你在这儿可以看到它,
- 再以后,月亮进入海王星与天王星之间的连线,
- 在它到达与木星一起的位置时,恰好是满月前2天。

在这整整10天之中,月亮走过了围绕地球的三分之一轨道。

借助于月亮,我们就能辨认各颗行星。虽然这些行星和月亮出现在同一方向上,然而行星比月亮要远数千倍:

- 金星

- 火星
- 冥王星
- 海王星
- 天王星
- 4天之后,是木星与土星

当月亮与不同的行星会合时,便会给我们显示出太阳系的格局,金星首当其冲。

金星是我们最近的邻居,每年都要靠近我们一次,最近的距离是4 000千米,只是地球到太阳距离的四分之一。

金星还是我们的姐妹星,它几乎与地球一样大。

不过,云雾遮盖地球,有一半是被太阳照亮的。而金星却被很厚的一层白色云雾紧紧地包裹着,我们永远不能直接看到它的表面。

空间推测雷达使我们看到了这层云雾底下的东西:高低不平的地面,1万千米(3万英尺)的大山、火山、干旱而恶劣的环境、高温——480℃,还有极其致密的二氧化碳大气,气压是地球大气压的100倍。

金星的大气快速旋转着,产生每小时300千米(180英里)的大风。而在大气层下的金星很缓慢地转动着,这真是一幅我们从未见到过的景象……

现在,月亮正在从金星向火星等行星的方向运动着……

热在三伏

北极光

是出现于星球北极的高磁纬地区上空的一种绚丽多彩的发光现象。而地球的极光,由来自地球磁层或太阳的高能带电粒子流(太阳风)使高层大气分子或原子激发(或电离)而产生。北极附近的阿拉斯加、北加拿大是观赏北极光的最佳地点。

我们的地球以每小时10万7千千米的速度向前疾驰,这一速度相当于每秒钟30千米。

地球是有磁性的。它像一个巨大的磁体,在南北两极附近有两个磁极。我们的罗盘的指针指向南北两极,这是由于地球磁力线导向的缘故。只要地球磁场不受干扰,我们是看不到地球磁场变化的。

然而在1亿5千万千米以外,灼热的太阳总是向太空释放出粒子,这就是太阳风。由于太阳在转动,这些粒子以螺旋线的轨迹运动,它们的速度使得它在5天之后便能到达地球。

当这些粒子碰到地球磁场时,它们的轨迹就会发生偏离。当粒子流很强的时候,它们就沿着地球磁力线进入地球磁场之中,干扰了我们的无线电和电话通讯,最后它们到达地球两极。

看,它们像突然照亮夜空的闪电,像烟火般地壮观。这就是北极光!

在这段时间中,呆在家里会觉得天气很热。这些日子进入了所谓"天狗"。为什么叫天狗呢?

这样命名是由于小犬座,即小狗星座的意思。这群星星的位置临近黄道带上的双子座和巨蟹座,所谓黄道就是我们假想的星空中的一条带,用它可以确定行星和太阳的位置。

直至上一星期,太阳仍然位于双子座之中,但正在朝着巨蟹座运动。小犬座就在它的下面。

从地球上看,太阳靠近了小犬座。所以这些日子就被叫做"天狗"了!然而要记住:这不是太阳在运动,而是地球沿着它的轨道在运动产生的结果。太阳看起来在黄道上运动。

现在，在"天狗"中，温度达到最高峰，可谓酷暑炎炎，挥汗如雨。即便太阳在一个月前处在夏至的最高视位置，温度也没有这么高。

要把我们大气层中的巨大质量和大气加热起来需要一些时间，要把大海加热到适宜于你洗澡的温度，时间就更长了。

在"天狗"里，我们特别能感受到太阳的射线。这些射线给地球提供了生命演化所需的特殊条件。这种条件取决于地球所吸收的射线与地球反射到太空中的射线之间的微妙平衡。光亮的表面把光线反射回去，灰暗的表面则吸收光线。

极地和冰冠是白色的，天上浮云也是如此。地球上白色的部位把大部分射线反射到太空中去了。然而，地球上的森林和深海是灰暗的，它们大量吸收射线，几乎不反射射线。

地球总共只吸收了三分之二的太阳光，这是不够的！这样只能把温度提高到-18℃，还是太冷了。但是，温室效应拯救了我们。浮云与大气能透过红外线，红外线提供了热量。然而浮云与大气又能阻止热量向太空散发。感谢温室效应，使我们能拥有17℃的温度以及稳定的气候。污染会导致什么效果呢？啊，那会加剧温室效应，会使气候变得捉摸不定。

我们的大气富含氧气，太阳的强烈射线会产生臭氧。臭氧有利也有害。在海拔低的地方，特别当天气炎热时，氧气与二氧化碳将会生成臭氧，对人类的呼吸有害。然而在海拔高的地方，臭氧作为一种有效的滤光镜，它能把太阳光中能对我们造成伤害的紫外线吸收掉。如若失去了这一保护层，由于紫外线的作用，我们将遭受焙烤、烧灼，甚至失去生殖能力。

现在，在保护我们的臭氧层中，我们已经发现了空洞，尤其是在南极上方。至今我们还不知道空洞是由一种自然的周期循环所引起的，还是由日积月累的损害所造成的。为了安全起见，我们还是要限制某些化学物质的使用，特别是CFC类物质。

因而，臭氧具有两种不同的效应：

其一，空气中二氧化碳产生的臭氧对我们的呼吸是有害的。

其二，高海拔地方的臭氧是有利的，甚至是生命攸关的，因为我们暴露在太阳辐射之下，而太阳辐射一方面是我们赖以生存的，另一方面也是危险的……

太阳给我们以温暖，那么太阳能永远这样供给我们所需要的能量吗？不能说是永远的,但对人类而言,也是足够长久的了。太阳依靠燃烧它自己拥有的物质——氢和氦,在以往45亿年中光芒四射,而在几十亿年之后,它的燃料将会消耗殆尽。

但是地球最终的结局却不是被冷冻起来!因为,在最终停止燃烧以前,太阳的身体将会剧烈地向外膨胀,膨胀越过了最近的行星轨道。这时,整个地球将会燃烧起来:它的大气和海洋会蒸发掉。但是到那时候,我们早已不存在了——正如我们所知道的那样,地球生命所能持续的时间是十分短暂的。

如果把地球40亿年历史缩短成1年,那么在12月,也就是恰好在年底,生命才从海洋中爬上陆地。至于人类,恰巧在12月31日子夜前一刻钟才出现!因而,人类整个历史从宇宙尺度上看,只是一眨眼的工夫而已。而太阳在未来的40亿年中还会安然无恙。

看来,我们人类是生存在远比我们历史要长久得多的过去和未来之中,让我们充分享受和利用现在的美好时光吧。

秋分与春潮

1997年，地球于9月23日上午2点穿过了"秋分线"。

由于地球围绕太阳的旅途不是365天，而是365又四分之一天，所以在明年，地球到达秋分线要推迟四分之一天：要晚6个小时，也就是上午8点。

因而，明年的秋天是从9月23日上午8点开始。

第3年，秋分还要推迟6小时，14点也就是下午2点，但是还是9月23日。

那么第4年怎么样呢？是的，20点也就是下午8点，不过是在哪一天呢？

这个第4年是一个闰年：2月份要加一天，也就是2月29日，日历添加了一天。

因而，秋天并不是从9月23日，而是从22日开始，这是因为地球是在22日而不是23日到达秋分线。

每过4年，地球使得2月多出一个29日，而秋分也要早到1天，即9月22日。

日历是一种量度方法，我们要尽可能把它调整得符合地球持续不断变化的进程。

我们感受到了我们围绕太阳的旅行进程，这是由于季节的变迁：冬天……春天……夏天……秋天……而后又是冬天……

由于地球的轴线是倾斜的，所以地球面对太阳的角度是不同的。

当地球在这儿时，中午的太阳直接照在南半球上，从这儿往下，那是夏天……然而，北半球的绝大部分日子正处于阴影之中，那儿是冬天。

> **春潮**
>
> 春天的潮汐。到了一定时间，海水推波助澜，迅猛上涨，达到高潮；过后一些时间，上涨的海水又自行退去，留下一片沙滩，出现低潮。如此循环重复，永不停息。海水的这种运动现象就是潮汐。

随着地球在它轨道上继续运动,太阳垂直照射区域的边缘线会向赤道慢慢移动。

地球继续运动,因而太阳垂直照射区域的边缘线朝着北极上移。现在,北半球面对太阳,而且太阳的光线以较为垂直的角度照射着,这就是夏天,我们感到很暖和。

我们将继续旅行,太阳朝着南极下落了。

当中午的太阳直接经过赤道时,便是春秋分时节,地球各处的白天与夜晚一样长短:白天12小时,夜晚也是12小时。

在北半球,秋天来临了,因为地球的北半球开始远离太阳。

在南半球,春天来临了。

当太阳正对赤道时,就会引发汹涌澎湃的春秋分潮汐。

一般而言,在整个一年中,最高的潮汐并不见得发生在赤道上处,而是在45度纬度线附近,也就是地球飞船上大多数乘客就居住在这一区域。

这是为什么呢?

潮汐的高度还取决于地球的自转以及推向赤道的离心力。地球自转最快的地方,离心力也最大,然而,它的实际作用并不大,因为要想在赤道上形成春潮的话,必须把大量海水高举起来……这就太费劲了!

在北极,也就是在地球自转轴线上,地球转得太慢,你走路也能跟上地球的转动。因而几乎没有离心力,也就不存在潮汐。

但是,在极点与赤道的中间,地球以每小时1 000千米的速度转动着。在那儿,离心力与太阳和月亮的方向一致,把大量海水往赤道方向斜推过去,造成了更强的潮汐效应。

所以,正是在45度纬线附近,形成了最高的潮汐。

月亮的引力吸引着海水。

月亮经过的地方,形成了鼓包。

在地球的另一面,离心力造成了第二鼓包。这两个高潮每天都围着地球运转,随着月亮围绕地球28天的转动过程中,这两个高潮与月亮保持在一条直线上。

地球转得更快些:它每天都绕着轴线自转1圈。在水面鼓包的下面,快速转动着。

当我们在海边看到潮汐来临时,并不是水面鼓包到来了,而是地球把我们带到了鼓包所在的地方。

摩擦力非常大。随着地球自转,它带动着巨大质量的这座水的山峰,但是水的运动要慢一些,这样就会撞到海岸上。就在这儿,我们看到了最高的潮汐。

当地球转动时,它想拉着这一鼓包一起转,但是月亮不让鼓包走。因为月亮的引力在鼓包后面拖拽着它,这就使水的运转减慢,这样也就减慢了地球的自转。

不过,这种作用并不大。每过一年,一天只变长了一秒钟。不过如此而已。在恐龙生活的年代,一天不是24小时,而是22小时。

那么,是新月还是满月引发了最高潮汐?这就要看地球与月亮之间的距离了。

月亮的轨道是偏心的。月亮离地球有时远,有时近。

- 1997年3月初,月亮离地球最近,这时也是新月时刻。最高的潮汐就发生在新月的一天。
- 到4月,相差了一天。
- 在5月,相差了3天。新月时月亮离开地球的距离仍然比满月时近,在新月过后2天,发生了最高潮汐。
- 注意,到了6月份,新月与满月离地球一样远。
- 而到了7月,这就好了,满月更靠近地球。

所以最高潮汐发生在满月之前。

一直到春天,满月仍然更靠近地球,因而最高潮汐正好发生在满月前后的日子里。

但是在下一个春天,发生了另一轮拔河比赛,在这段时期中,新月胜利了,因而在另外7个月中,引发了最高的潮汐。

月亮的轨道围绕地球转得很慢,转一圈要花费14个月……跟12个月的太阳循环完全没有联系。

看来,宇宙中的有序建立在无休止的无序的基础上。

临近秋分

> **秋分**
>
> 是表征季节变化的节气。秋分这天，太阳位于黄经180度，阳光几乎直射赤道，昼夜几乎等长。这时，南方地区候温普遍降至22℃以下，进入了凉爽的秋季。"一场秋雨一场寒"，一股股南下的冷空气，与逐渐衰减的暖湿空气相遇，产生一次次降雨，气温也一次次下降。在西北高原北部，日最低气温降到0℃以下，已经可见到漫天絮飞舞、大地素裹银装的壮丽雪景。

核对一下你的日历，从秋分到春分，相隔179天。从春分到秋分，却相隔186天。

地球走过这段"夏天"一半轨道要多费7天。这是为什么？这是因为地球的轨道稍稍有点扁圆。当地球接近太阳时，它的运行速度要比远离太阳时快一些，就像拴在绳子上的作圆周运动的一块石子，当绳子长些时速度就慢一些，当绳子短一些时，速度就快一些。

7月份，地球离太阳更远些，速度慢下来，在1月份，地球离太阳很近，速度就会加快。

这就是开普勒定律。自从17世纪以来，我们就用这一定律去计算行星的运动、飞船的路径以及每天使用的日历。

当太阳、月亮和地球有序排列成一线时，月亮的影子投射到地球上，这就发生了日偏食。

两星期以后，月亮走过了围绕地球的一半路程，正好到达了太阳的对面，它被太阳照亮的一面全部朝向地球，这就是满月时刻。

地球把它的影子投射到太空，这是一个巨大的有1.3万千米宽的锥形体。每天黄昏，日落西山，我们就进入到地球的影子中去度过一个美好的夜晚。

当日食以前或以后的两星期中，地球的影子落到满月上，使之变得晕暗，这就是月食。这样，我们就看到了地球在太空中的影子。

当月食来临时，月亮呈现红色，在太阳光线射到月亮以前，光线掠过地球穿过大气层，大气层吸收了所有其他颜色，只留下红色，就像日落西山时那样，而后又反射到月亮上，这样月亮泛红的光就属于日落时的那种光线。

有时候，当满月升起时，它已经进入了地球的影子之中，并被落日的光线所染红。那么，为什么月食发生在满月的夜晚呢？每过4个星期，月亮绕着地球转一圈。与此同时，在背向太阳的一面，地球的影子投射到太空中去，看不见了。我们甚至不会注意到地球还有一个影子。

当月亮面向太阳时，我们看到它的整个表面被照亮，这就是满月。这时，在太阳的另一边，正好处在地球所投射的影子之中。因而，正是满月时刻，月亮在太阳的另一边穿过了地球的阴影区。

太阳比地球大，所以地球投射出的锥形影子边缘是一个"朦胧区"。最初，月亮进入到这一"朦胧区"中，然后，再过两三个小时，就几乎被地球的影子完全遮盖。

然后，再进入半阴影区中，几小时之后，就穿出了影子区。

两星期以前开始的美妙的行星际旅行就要结束了，当月亮看起来朝着土星飞去时，以下就是所要发生的事情。

当月亮与土星排成一线以前的那个夜晚，月亮在土星右边，相距4个指幅，它们并排着在太空中一起穿行。到了夜晚，月亮继续在它的围绕地球的轨道上运行，看起来仍然向着土星运动。到了次日清晨，月亮与土星两者只相隔2个指幅。

早晚之间2个指幅的间隙，就是月亮在它轨道上一夜之间所走过的距离：3万千米，只不过是你2个手指的宽度！

然而，当月亮围绕地球运转时，地球也继续绕日公转。由于地球运行得非常快，月亮的轨道是纵向开启的螺旋线。一夜之间，当月亮围绕地球运行了3万千米时，地球带着月亮一起几乎在轨道上运行了100万千米。

月亮的引力作用于地球上的海水。如果月亮与太阳排成一线，那么它们的引力就形成合力。这样，每个月都会引起最高的潮汐。为什么春分的潮汐，即所谓"春潮"，是最强的呢？

这是因为除了月亮引力之外，地球自转产生了离心力。这种离心力的方向朝着地心往外，使得海水涌起，加强了潮汐。在赤道上，离心力最强，因为在那儿地球转得最快。夏天，赤道倾斜在太阳平面的下方。因而，夏天时的离心力与太阳的引力并不在同一方向上。

到了冬天，赤道升到了太阳平面的上方。因而上述两种力也不严格地在同一方向上。

然而，当春分或秋分点，太阳刚好经过赤道。在这时候，离心力与太阳引力作用在同一方向，叠加在一起，这就是为什么春分或秋分时的潮汐比其他时候更加汹涌的缘故。

破译天书
——气象学家叶笃正

他创建了中国大气科学的研究机构
破译天书是他终生的研究目标
他开创了全球环境变化研究新领域
被学术界奉为一代宗师
让我们走近2005年度国家最高科技奖获得者、气象学家叶笃正院士

青藏高原气象学

叶笃正首先发现围绕青藏高原的南支急流、北支急流及它们汇合成为北半球最强大的急流,严重地影响着东亚天气和气候。他与国外气候学家Flohn各自指出了青藏高原在夏季是大气的一个巨大热源,叶笃正还首先指出青藏高原冬季是冷源;他同时还深入地研究了夏季青藏高原热源及其对东亚大气环流的影响。由于他的研究工作,国际上才接受了大地形热力作用的概念,为青藏高原气象学的建立奠定了科学基础。

在现代人的生活中,每天都离不开天气预报。出门前听听天气预报,路上顺便了解今天的天气。人们甚至还想知道在城市的某一地区、某个特定时间的精细天气预报。但是您知道吗?在我国,这些气象学的点滴进步,都离不开一位气象学家的贡献,他就是中国大气科学的奠基人叶笃正院士。

1916年,叶笃正出生于天津。清华大学毕业后,叶笃正远赴美国,师从世界著名气象和海洋学家罗斯贝。"我最得益的地方,就是得到了他的治学的精神。他跟我说过一句话,他说'facts are all the important',事实是最重要的。"

天才、幸运、成功,都特别垂青年轻的叶笃正。罗斯贝十分器重这位中国学生,让他主持夏威夷气候的研究。1947年,叶笃正因创立大气运动的"长波能量频散理论"而蜚声国际气象界。这个理论是大气动力学的3个经典理论之一,迄今仍被广泛应用于实际预报中。可以说,31岁的叶笃正面前是前程似锦的科研生涯。"我那时在美国工作得确实很好,我为什么要回来?就是要给国家做事,这个想法激励我,能为国家做事,对我是一个最大

的推动力。"

1949年，刚刚完成了博士学业的叶笃正得知新中国成立的消息，谢绝了美国气象局的高薪聘请，义无反顾地回到了祖国，投身到我国大气科学研究机构的筹建工作。当时，中国的气象事业，几乎是一张白纸。

"气象室只有十几个人。当时有一个是地面图，一个是高空图，我们连个高空图都没有，那个对于做预报是特别重要的。我们在研究所画一张500毫比地面图，相当于5千米左右高度的天气图。第一张图画出来之后，我们开了个庆贺会。"

叶笃正的工作，奠定了我国天气预报的重要基础。祖国的沃土，更激发了叶笃正的科研热情和灵感。五十多年来，叶笃正在大气动力学、大气环流、气候学以及全球环境变化等领域成就卓著，取得了众多开创性的研究成果。而"夏季高原为热源"和"大气环流有季节性变化"的理论都已成为国际大气科学的经典。

叶笃正的名字与全球变化研究这项世界瞩目的国际合作项目联系在一起。他的研究使今天的我们熟悉了很多概念，比如温室气体、全球变暖。那么全球环境变化到底是什么样的概念呢？

"我认为全球变化，就是整个涉及大范围、全球方面的、各个方面的变化。比如气候怎么变，环境怎么变，温度怎么变，全球降水怎么变，然后再说为什么这么变。"

20世纪，全球气候变化并不是最激烈的，但人类的活动却使大气CO_2浓度迅速达到了42万年来的最高点。20世纪70年代末，当人们正沉浸在经济急速发展的喜悦中时，叶笃正却怀着深深的忧虑，进行了大量的预研究。20世纪80年代初，叶笃正提出气候系统的概念，指出人类释放的CO_2等温室气体，像给地球盖了一个塑料大棚，导致地球温度不断升高，结果将是，引发疾病流行，病虫害泛滥，灾害天气频繁。这让人们第一次认识到：人类的活动可以导致气候的变化。"现在这个事情是全球的事情。"

全球气候变化，土地利用诱发的全球变化等课题成为了国际地球生物圈计划的核心研究内容，至此，叶笃正使中国的气候研究走进了一个世界性的大的系统工程，同时使防止全球变暖从一个科学问题变成了涉及政治、经济、外交等方方面面的国际问题。

"……我记得有一次，在开气候会的时候，发达的国家就说应该怎么样，怎么样，我站起来了说，这个情况，不是现在造成的，而是发达的国家近一百多年来，为了你们工业的发展，天天往大气中排放温室气体。……你们现在又提出让我们大家一起来做，这不公平啊。所以现在希望大家排放温室气体，能够限定在一个程度上，在这个程度上，大气破坏还不至于是更严重的。"

不论是在工作中还是在生活中，不论是在顺境还是逆境，叶笃正始终遵循着一个原则，这就是实事求是。"一个人实事求是，就是我在生活当中说的话：实事，实事，实事，一定得是实事，再一句话，就是认真，认真，再认真。这就是我的座右铭。"

叶笃正是中国大气物理研究的奠基人，现在国内著名的气象学家几乎都是他的学生。对于叶老的工作及为人，他的学生是怎样评价的呢？

中国科学院院士吴国雄："叶先生，他的贡献可以这么说，……他是大气环流的一个奠基者，全球变化的一个开拓者。他之所以能取得这个成就，跟他的非常好的修养无法分开。不同的理论也好，不同的性格也好，他都可以共容在一起，组成一个和谐的整体。"

尽管成就卓著，获奖无数，但是90岁的叶笃正永远谦虚地把自己看做是一个科研团队中的一员。"一个科学家从头到尾，可以用演一出戏来做比喻，这个演出成功是集体的，我不能把这个团体的东西作为我个人的。……我认为我就是团体中的一个代表。"

叶笃正院士主要科学技术成就：

1. 开创青藏高原气象学；
2. 创立大气长波能量频散理论；
3. 创立东亚大气环流和季节突变理论；
4. 创立大气运动的适应尺度理论；
5. 开拓全球变化科学新领域；
6. 对我国现代气象业务事业发展做出了卓越贡献。

太空天气监测员

持续的高温，异常的降雨，电网的瘫痪，通讯信号的中断，谁都不会想到这些看似不相关的现象，实际上是太阳一手操控的，2004年7月25日起，中国派往太空的侦察兵将为我们报告来自太阳的危险。

这个向太空派遣侦察兵的行动被称为"双星"计划，它是中国与欧洲合作的第一个科学探测卫星项目。刚刚发射升空的探测卫星与去年12月底发射的赤道卫星一起，将成为中国首批专职观测太空天气的监测员。与以往发射的遥感卫星不同，它们不是在太空守望地球，而是从地球瞭望太空，为人们发现潜藏的危险。

从表面上看，太空似乎十分平静，其实和地球上的种种天气现象一样，这里的环境也是变幻无常。太阳喷射出来的超音速带电粒子流像地球上捉摸不定的风一样，东跑西窜，甚至会形成太空中的暴风骤雨，人们称它为"太阳风暴"。

太阳风暴最先袭击的对象是在太空正常运行的航天器。迄今为止已发生的六千多起航天器故障中，就有两千多起是由空间环境异常引起的。太阳风暴不仅仅阻挡着人类走向外太空的脚步，它还可能穿透保护地球的磁场到人类的世界兴风作浪。它会导致卫星通讯中断，干扰飞机导航系统；让石油和电力输送系统瘫痪，导致紫外线增强、晒伤人的皮肤。科学家还发现，厄尔尼诺等灾害天气也与太阳风暴有密切关系。

研究太阳活动规律、掌握预报太空灾害天气的方法，为空间活动安全和维护人类生存环境提供科学的依据和相应对策，这是中国科学家制定双星计划的初衷。因此探测太阳风暴的形成过程，既是"双星计划"两颗卫星

> **太阳风暴**
>
> 指太阳在黑子活动高峰阶段产生的剧烈爆发活动。爆发时释放大量带电粒子所形成的高速粒子流，严重影响地球的空间环境，破坏臭氧层，干扰无线通信，对人体健康也有一定的危害。
>
> 太阳会在太阳黑子活动的高峰时产生太阳风暴，它是由美国"水手2号"探测器于1962年发现的，它是太阳因能量的增加而使得自身活动加强，从而向广袤的空间释放出大量带电粒子所形成的高速粒子流，科学家把这一现象比喻为太阳打"喷嚏"。

的重要任务之一,也是科学家预测太阳风暴和研究其他空间环境现象的主要依据。

太阳风暴是给整个地球带来灾害的自然现象,研究它的发生规律艰巨而复杂。所以有些国家已经联合起来,建立了国际空间探测计划,其中欧洲航天局星蔟计划在历史上具有里程碑式的意义。它首先采用了立体探测的方法,使四颗卫星在空间组成一个四面体,探测太阳和地球之间的空间环境的变化,在太空中形成了一张包围地球的探测网。

即便是这样一张大网,也存在着覆盖盲区。作为国际空间探测计划中的重要组成部分,如果说星蔟计划是在离地球很远的地方布下了几个探测点的话,那么中国的双星计划就在距离地球稍近的周围放置了两颗卫星,弥补了目前国际其他卫星没有覆盖的重要区域。现在中国的两颗星与欧空局星蔟计划的四颗星已形成六星连珠,实现人类首次地球空间"六点立体探测"。

天文学家说,在地球上的某一处我们举头望到的星空永远是半边天,如果不跨越赤道,另外一半天空永远与我们无缘。今天,这些眺望太空的探测卫星拓展了我们的视野,让我们看得更远。我们期待着中国的姊妹双星成为科学家的一双慧眼,为人类撑起一把免遭太阳风暴袭击的保护伞。

双星计划是中国与欧洲合作的第一个科学探测卫星项目,也是中国第一个专门以科学探测为目的研制的卫星项目。刚刚发射升空的探测卫星与去年12月底发射的赤道卫星一起,将成为中国首批专职观测太空天气的监测员。与以往发射的遥感卫星不同,它们不是在太空守望地球,而是从地球瞭望太空,为人们发现潜藏的危险。

2004年7月25日,是值得我们纪念的日子。当激情迸发的中国长征火箭以漂亮的动作、完美的配合,在人们的惊叹声中准确地将卫星送入轨道之时,《中国地球空间双星探测计划》卫星发射任务已经宣告完成,人们期待着姊妹双星真正成为科学家的一双慧眼,为人类撑起一把免遭太阳风暴袭击的保护伞。

太空救生船

太空是人类久远的梦想,美丽而宁静,也时刻充满着未知的危险,这个俄罗斯的空间站距离地球400千米,是人类在太空最前沿的哨兵。1997年6月25日俄罗斯宇航员萨沙拉·祖金、瓦斯理·斯普理亚靳和英国宇航员麦克佛勒正在空间站里紧张地工作,准备与空运船进行一次非常普通的对接,但是由于离得太近,速度还没有来得及减下来,结果空运船直接撞上了空间站,使空间站遭到了严重的破坏,珍贵的氧气也开始向无边的太空泄漏。

宇航员们进入了救生舱,但是仍然没有脱离危险,因为缺少能量,救生舱的启动系统无法工作,幸运的是随着太阳从地平线上升起,一块未被损坏的太阳能电池板发挥了作用,能量得以储存,救生舱开始工作了,危险过后人们开始了修复工作,对于正在建设着国际太空站的设计者来说,那天发生的事件是非常宝贵的教训,它表明在任何情况下都能正常工作的救生舱是至关重要的。

这就是他们的研究成果X-38———一艘即将作为国际空间站逃生舱的全新太空救生船。X-38是这艘太空船的代号,作为宇航员的返程工具,它可以为7名宇航员提供食宿,按照设计要求,宇航员将从400千米高的空间下降,X-38必须保证大家在返回地面时完好无损。

出于救命船的综合考虑,X-38被设计得既像一辆救护车,又像一艘救生船,因为它必须保证一旦空间站出了问题,如失火、缺氧,或是有人生病、受伤,需要立即送回地面时,宇航员们能立即离开空间站。所以,X-38是全自动的,宇航员可以爬进去,把自己关进去,随便怎么样都行,而且根本不用知道如何开动它,实际上这就是X-38

> **救生舱**
>
> 既像一辆救护车,又像一艘救生船,因为它必须保证一旦空间站出了问题,如失火、缺氧,或是有人生病、受伤,需要立即送回地面时,宇航员们能立即离开空间站。所以,救生舱是全自动的,宇航员可以爬进去,把自己关进去,随便怎么样都行,而且根本不用知道如何开动它,你可以随便让一个对它一无所知的人坐进去,不需要做任何事情,就可以把他送回地面。

的关键,你可以随便让一个对它一无所知的人坐进去,不需要做任何事情,就可以把他送回地面。

　　为了检测X-38是否能够正常工作,工程师们把它悬挂在大型运输机的机翼下面,带到了6 500米的高空。X-38开始下落以后,首先一个20米直径的小降落伞从飞船的尾部抛出,以减缓飞船的速度,然后小降落伞被切断,接着拖出一个大降落伞,大降落伞像拉手风琴一样,分5个步骤展开,每一步都在逐渐放慢救生船下降的速度,一旦完全开始工作,利用全球卫星定位系统,X-38会计算出自己所处的位置,分析到达目的地所要走的路线,舱体内安装的驱动系统,牵引着大降落伞的两边,使降落伞能左右转动,这就使X-38能在预定的地点着陆,着陆范围通常可以精确到100米,在逃离空间站以后的一个半小时以内,宇航员们就可以躺在医院的救护车里。最后,降落时X-38停在了预定目标的10米范围以内,第一次试飞圆满成功。

　　也许X-38不仅会给未来的宇航员带来更多的安全感,对我国的航天事业也有一定的参考价值。

大修"空中客车"

往来穿梭于天空中的飞机,是当今最快速的交通运输工具。人们在享受它提供的快捷运输服务时,对飞行安全也十分关注。相对于其他交通工具,飞机具有较高的安全系数,这一方面依赖飞机制造技术的改进和完善,另一方面也得益于定期进行的飞机检修,它为飞行安全提供了可靠的保障。

"空中客车"A340-300是一种大型四发动机远程宽体客机,机身长63.7米,翼展60.3米,高16.9米,它可运载295名乘客,续航能力达13 500千米。我国民航运营的该机型飞机共有23架。东方航空公司自1996年先后购进5架A340,目前它们正陆续进入"空中客车"4C检的维修期。

这个钢铁的庞然大物一改往日翱翔天空的雄姿,俯首贴耳地静卧于维修工程支架之间,技术人员正在对它进行全面的检修。

飞机在长时间飞行后,各部件由于摩擦引力而可能产生裂纹,同时机体中存在电解腐蚀氧化腐蚀等情况,为了保障飞行安全,制造厂商制定维修标准,对飞机进行检修。

飞机检修技术难度大,特别是对飞机关键位如操纵系统,发动机的检修难度很高。"空中客车"飞机的4C检是对飞机进行的高级别检修。东航进行的A340-300 4C检,是我国首次对A340机型进行的高级别检修。主要对飞机的操作系统、发动机、起落架、机翼等重要核心部件及飞机整体框架和客货仓地轨结构检查探伤,并进行调整和恢复。

飞机的检修要求过硬的技术保障。为了保证4C检质

> **空中客车A340**
>
> 是一种由欧洲空中客车公司制造的四发动机远程双过道宽体客机。基本设计上类似于双发空中客车A330,但是发动机多了2台,共装备4台。A340最初的设计目的是要在远程航线与波音747竞争,A340载客量较少,适宜远程客运量少的航线。后来则是要与波音777竞争远程与超远程的飞机市场。

量，维修技术人员赴法国学习培训，有八十多人取得了A340机型的维护执照，并自行设计改造和购置了三百多套工装设备，在软硬件上均达到了维修要求。

飞机检修要求多工种协同作战。在4C检的技术队伍中包括了系统、结构、复合材料、防腐、保障等7个部门的人员，从高级工程师到技术工人多达140人。

这间工作室的墙壁上是A340-300B2382飞机的大修综合计划。一千二百多张常规工作卡和附加工作单将42天的工期作了最精细严密的划分，飞机检修的全过程都在此得到体现。

维修工程中，飞机驾驶舱通讯导航控制设备、机翼、发动机、机身内外壁舱板等部件要与机体分离进行全面检测和探伤，同时对飞机的框架结构进行整体性调整。另外，还对这架A340-300 B2382还进行了重大改装，在客舱内安装了供乘客使用的卫星电话和娱乐设施。

A340各个部件经检修后重新安装，再进行调试使各部件的机能和运行达到标准状态。检修工程是否圆满，最后将由飞行测试来检验。

对"空中客车"A340进行4C检，标志着我国的飞机维修能力已延伸至大型飞机。2001年9月3日，"空中客车"A340-300B2382进行飞行测试，一次成功。

空中交通

20世纪最伟大的发明之一——飞机的出现,大大改变了人类交往的时空观,航空运输日新月异的变化使地球正变得越来越小。那么,新的世纪航空技术将以什么样的形式出现呢?

欧洲正在推出一种A3XX的超大型客机。它一次可载运550~650人,机内设有两层客舱和一层货舱,还设有卧室、会议室和包间,几乎是一座空中豪华的星级宾馆。它的最大起飞重量可达到580吨,飞行距离可达15 000千米以上,从北京出发可以直达任何一个地方。

美国现在正在研制一种每次可装800~1 000人的"飞翼"式超大型飞机。这种布局将机翼和机身融为一体,机身同样也产生升力,机翼里面也可以载人。因此,走进这样的飞机,相当于置身在一个大剧院中。

正在研制的气囊飞机融合了气艇与飞机的特点。它的一半升力由氦气提供,其余由倾转旋翼提供。其尺寸比足球场还要大1倍,可像飞机一样快速飞行,但运价要比运输机低廉,气囊飞机将以其舒适性、安全性和低运价向客户提供高速运输服务。

所谓跨大气层的飞行器,是指从地面起飞穿出大气层后以大约10倍音速的速度在大气层上面飞行,接近目的地时再进入大气层以亚音速速度着陆。它的载运能力是波音747-400的2倍多,几乎在2小时内可到达地球的任何地方。

在21世纪里,航空运输必将在推动人类社会的发展与进步中发挥更大的作用,民用飞机也将在现代化科技的推动下得到神奇的发展。

> **跨大气层飞行器**
> 是一种既能在大气层内飞行,又能进入地球轨道的飞行器,航天飞机就是一种跨大气层飞行器。随着科学技术的发展,跨大气层飞行器的类型还将增多。未来可能出现的能在地面水平起飞,加速进入地球轨道,完成任务后能够安全载入并水平着陆的空中飞机就是一种新型跨大气层飞行器。

太空生活

" 航天服

是保障航天员的生命活动和工作能力的个人密闭装备。可防护空间的真空、高低温、太阳辐射和微流星等环境因素对人体的危害。在真空环境中，人体血液中含有的氮气会变成气体，使体积膨胀。如果人不穿加压气密的航天服，就会因体内外的压差悬殊而发生生命危险。 航天服是在飞行员密闭服的基础上发展起来的多功能服装。早期的航天服只能供航天员在飞船座舱内使用，后研制出舱外用的航天服。现代新型的舱外用航天服有液冷降温结构，可供航天员出舱活动或登月考察。

遥望夜空，人们总是传说，美丽的嫦娥在月亮上过着幸福的生活，而在上海举办的世界太空科技文化展为人们打开了一扇真正的太空生活之门。在展会上，身着舱外活动宇航服的人员在进行表演。

这是世界上最贵的衣服，每一件价值一千多万美元。凡是大气层为地球居民所提供的各种保护，宇航服无不具备：提供氧气、排除二氧化碳、防辐射、温度控制、压力控制，它可以使宇航员在太空安全地生存9个小时。在戴上头盔之前要先戴上史努比帽，它包括一个麦克风和一个耳塞，这是与地球联络的生命线。航天飞机的工作人员始终穿着一件由特殊材料制成的保暖内衣，上面的橡皮水管可以带走身体产生的热量。宇航员穿的靴子，靴底由硅胶注成。太空中，阳光下和阴影中的温差可达200℃，所以太空靴外面的防护套由很多层既防辐射又耐高温、低温的材料制成。

在失重的太空吃饭成了问题。宇航展还展出了宇航员所吃的食物，这些食物都是经过浓缩、脱水的，吃的时候要先打开一个小口，把水灌进去，等它们膨胀得跟原来差不多的时候，才能慢慢挤压出来吃，但是这些脱水食品并非像压缩饼干那样难咽，它们仍然保持着原有的风味和营养价值。但失重使脑部充血，影响了宇航员的味觉，所以吃起饭来并不香。

吃下去的东西要排泄，小小的生活琐事在失重的状态下并不容易解决。随身携带于宇航服下的收集尿液的装置使宇航员免于脱衣服去卫生间，而座便器的特殊之处在于能够产生一个吸引力，在失重状态下有助于宇航员顺利排便。

由于不再支撑体重，骨骼中的钙会流失，肌肉会萎缩，宇航员每天必须在外加重力的情况下完成所有的训练计划。

因为失重，在太空睡觉时任何姿势都一样，站着和躺着不存在区别，为了防止睡觉时飘来飘去，宇航员都采用拘束袋，将自己固定在舱壁上。但是在主舱很难睡好觉，因为每隔45分钟太阳就会升起一次。

在太空洗澡非常麻烦，淋浴间的下面要安装吸管，将水和蒸汽向下抽，还必须把脚固定起来，否则水一冲，人就会翻跟头。

在航天飞机中，打扫卫生是一件十分重要的工作，一些废物如头发、面包渣、咖啡、果汁等会变成一个个小球，飞来飞去，如果飞到仪器内是很危险的。

空间站里有垃圾处理中心，为了保护太空环境，所有的工作和生活垃圾必须先在这里干燥和粉碎，变成粉尘之后才能排入太空。

现在，科学家们正在研究人工重力，它将使未来的太空生活与地球上没有太大差别，使太空变成人类在地球之外的另一个家园。

航天食品

> **航天食品**
> 我们把航天员在太空中吃的东西叫航天食品,是因为它是根据航天员生活所处的特殊环境,结合航天人员在太空的口味和消化吸收能力,以及特殊进食方式而研制。可以这样说,航天食品是为在特定的环境、特定的人群而研制出的一种特殊食物。这种食品是根据合乎膳食标准的航天食谱制成的,其中必须包含足够和完善的科学营养,如人体每天所需要的蛋白质、脂肪和糖等,并保证含有钙、磷、镁、钾等主要无机元素,还要含有铁、锌、硒、碘等微量元素,以及两种脂溶性维生素(维生素A和E)和各种水溶性维生素(维生素B和C等)。

吃饭、喝水对于生活在地球上的人来说,是最平常不过的事,然而,在太空失重的环境下,航天员的饮食就显得复杂而奇妙。

一般把在太空执行任务和返回着陆等待救援期间供航天员食用的食品和饮水称作航天食品。它重量轻,体积小,营养好;为了方便航天员在太空失重条件下进食,防止食物在飞船舱内四处漂浮,航天食品都被加工成"一口吃"食品。

航天食品除了要确保食用安全,还要经受住航天特殊环境因素的影响,航天飞行导致航天员骨钙丢失,肌肉萎缩,红细胞数量减少等,航天食品要针对这些生理改变对膳食的营养素作适当调整。例如:肌肉萎缩要求食品提供充足的优质蛋白质,骨质丢失要求食品提供充足的钙,以及适宜的钙磷比例和维生素D;飞行初期食品的脂肪量不宜太高,以免加重空间运动病的症状;心血管系统功能失调要求限制食品中钠的供给,保证钾的供给平衡。

在世界航天食品当中,我国的航天食品有中国特色,特别是传统的中式菜品都尽可能出现在航天食谱中,相比西餐更加色香美味,可口宜人。

中国的航天食品的特点主要表现在:形式上是以中式食品为主,搭配成的航天膳食具有明显的中餐特色,能够符合航天员的口味要求。比如膳食有主食和副食之分,主食主要以米面类的食物为主,副食讲究荤素搭配,在加工上注重色香味形。

航天食品种类繁多。加工方法和食用方式与地面上食品有所不同。以陈皮牛肉为例,作为航天食品除严格高温处理做成罐装食品外，还应特别考虑宇航员所需营养成分的摄入。这种食品称为热稳定食品。它们的特点是不仅含有正常量的水分，而且从口感到形状都比较接近普通食品。

由于空间运动病和失重环境对机体的影响，航天员的食欲会有所降低，这样会影响航天员的工作效率和身体健康。

为了增进航天员的食欲，提高食物的摄入量，航天食谱通常采用个人选择性食谱，航天员根据自己的嗜好进行选择，由膳食营养专家进行配餐后编入食谱。

冻干食品是最具有航天特色的食品。它是利用冷冻干燥技术脱去食物中除结合水外的全部水分，最大限度地保留了物料的原有形状和营养成分，可以直接食用。这些冻干猕猴桃、冻干香蕉、冻干菠萝，一块块还保持着原来的样子，放在口中依旧酸甜可口，没有那种干巴巴的感觉。

现在，我国科技工作者已开发了几十种航天食品，随着航天事业的发展，我国的航天食品会更加丰富，让每个航天员都能选择到自己可口的食品。

惜别和平号

> **和平号空间站**
>
> 原设计寿命5年,到1999年它已在轨工作了12年多,除俄罗斯的航天员外,还接待了其他国家和组织的航天员,他们在和平号空间站上取得了丰硕的研究成果。但由于和平号设备老化,加之俄罗斯资金匮乏,从1999年8月28日起,和平号进入无人自动飞行状态,最终坠入大气层焚毁,完成其历史使命。它的完成体现了当时苏联强大的经济实力和航天业的实力。

2001年3月23日,在全世界的关注下,已经在太空中飞行了15年的俄罗斯和平号轨道空间站坠落于南太平洋,在漫天花雨之中完成了自己的历史使命。

飞向天空,是人类有史以来久远的追求。而摆脱地球引力的束缚进入广袤的太空,更是人类亘古不变的梦想。

20世纪70年代,在太空中建设宇宙空间站的设想被首次提出。1986年,虽然美国"挑战者号"航天飞机发生机毁人亡的灾难性事故,但不到一个月以后,苏联就向太空中发射了包括工作舱、过渡舱和服务舱在内的几大基础构件,使和平号空间站初具规模。一个月以后,第一批宇航员进驻和平号。此后,和平号陆续和5个用于科学实验的太空舱对接,最终组成了一个体积为400立方米,重达137吨的太空家园。它拥有先进的巡航系统和计算机控制系统,外部有6个对接口,能同时接待6艘飞船,内部宽敞的空间使人类在太空中长期工作和生活的梦想成为现实。以和平号为基地,前前后后的108位宇航员一共进行了78次太空行走、93次对接和16 000多次科学实验,为人类进入太空积累了宝贵的经验。

和平号的设计寿命只有5年,迄今为止15年的飞行已经证明了它卓越的性能。但1997年2月,在刚刚度过11岁生日之后,和平号上的氧气发生器发生了故障,并在舱内燃起了大火,整整烧了14分钟,幸亏宇航员们处理得当才化险为夷。祸不单行,当年6月,在与和平号对接的过程中,"进步"号宇宙飞船失去了控制,撞穿了空间站的光谱舱,使这个重要的舱室被迫关闭。不久以后,和平号的太阳能电池板又遭重创。故障不断,设施老化,甚至飞行稳定都无法保证,终于迫使人们开始考虑放弃和平号。

从2001年1月27日开始,俄罗斯就开始了将和平号坠毁的准备。受太阳和地球大气活动的影响,坠毁时间一推再推,终于在3月23日开始了坠毁过程。连接在和平号上的一艘货运飞船通过3次点火,把和平号推离了距离地面220千米的坠落标志性轨道。在穿过大气层时,137吨重的和平号大部分被烧毁,只剩下12吨到25吨左右、约1 500块残骸,散落在南太平洋智利与澳大利亚之间的海域。

也许若干年以后,人类会征服太空、走向宇宙深处。但在人类进军太空的史册中,将永远记载下第一个大型载人航天器的名字——和平号。在挥别之际,让我们再从太空看一眼落日中美丽的和平号,道一声:再见,和平号。

鹰击长空

> **航空电子学**
>
> 已进入航空技术的各个领域。它通常包括：通信技术，导航、空中交通管制技术和系统，雷达和识别技术，电子对抗技术，计算机技术，自动飞行控制和飞机仪表系统，载荷管理，电气系统，火力控制技术，飞行数据记录以及训练模拟技术和系统等。此外，飞机上的不少电子设备要与地面有关的设施联合使用，地面上的设备可以不考虑在飞机上的一些特殊要求，但也是航空电子学研究的内容。

北京中华世纪坛，曾经见证过世纪交替的辉煌时刻。在这条悠长的青铜甬道上，镌刻着中华民族5000年来的重大历史事件，其中，为1954年画上句号的是这样一行文字："自行研制的首批飞机试飞成功。"

1954年7月3日，当新中国还没有国产汽车的时候，第一架国产飞机初教–5飞上了祖国的蓝天。初教–5是南昌飞机厂仿照苏联雅克–18型飞机制造的初级教练机。它的诞生，宣告中国不能自己制造飞机的历史从此结束。

一、梦圆蓝天

中国人的第一架飞机名叫"冯如二号"。1909年9月21日，中国第一位飞机设计师冯如制造并亲自驾驶着这架飞机试飞成功，被西方媒体誉为"东方的莱特"。为了纪念冯如，他的故乡广东恩平为他建起了一座青铜雕像。

而在千里之外的飞机城陕西阎良，同样矗立着一尊青铜塑像，他就是新中国第一个飞机设计室的主任徐舜寿，我国第一个自行研制的机型——喷气式歼击教练机歼教1的总设计师。

飞机总设计师是全部设计工作的灵魂。为了避免自己设计的歼教1飞机落入米格型飞机的窠臼，徐舜寿开风气之先，要求设计人员每人至少研究10种飞机，进行多方案比较，探索符合我国国情的设计道路。用他的话说，就是要像"熟读唐诗三百首"那样广泛学习机种资料，不要搞"唯米格论"。为此他突破了米格飞机机头进气的方式，采用国际上更为先进的两侧进气布局，为雷达和天线的安装提供了适宜的空间。后来苏联在研制新飞机时也改用了这种进气方式。

歼教1的设计人员和他们的事业一样年轻,当时他们的平均年龄还不到25岁,日后其中许多人都成长为著名的飞机设计师。

发动机是飞机的心脏,与歼教1飞机匹配的喷发-1发动机,是在米格PD45发动机的基础上改进而成的,开辟了中国自行探索航空发动机的新路。

在新中国创始之初的热情中,无论什么工种都投入了全部的精力、身心和激情,用了不到两年的时间,歼教1飞机被推向试飞跑道,总设计师徐舜寿紧紧握住了试飞员的手,为他坚定首飞成功的信心。试飞员把鞋底擦了又擦,唯恐踩脏了崭新的飞机。

作为我国第一架亚音速喷气式歼击教练机——歼教1飞机的最大时速为700～800千米、航程约1 000千米、升限为12 000米以上,采用全金属、前三点起落架、双座舱和后掠翼,主要技术性能均超过原设计指标。

飞行表演胜利完成,这位自豪的试飞员,就是后来担任空军司令员的于振武上将。从提出设计报告到首飞成功,歼教1仅用了1年零9个月的时间。歼教1的成功,为中国独立设计飞机闯出了宝贵的经验。

二、神鹰出世

在一次保卫祖国的战斗中,我军数架强击机风驰电掣般对敌方高炮阵地发动了猛烈的突然袭击,这些出其不意、克敌制胜的神鹰,就是我国第一次自行设计制造的超音速喷气式强击机——强5飞机。

强击机又叫攻击机,主要用于从低空、超低空突击地面目标,被人们称为"刺向地面的利剑",是现代常规战争的重要武器之一。

总设计师陆孝彭强5的设计方案融汇了米格19飞机和美国F105飞机的优点:锥形的机头,开阔的视野,加大加强的后掠机翼,流线型的蜂腰机身,集中突出了低空、机动、突袭和攻击的性能,具有出色的低空飞行品质。

然而诞生于特殊年代的强5,由于国民经济大调整,曾经一度濒临夭折,只留下了14个人继续参与研制。这一段珍贵的黑白胶片,再现了那个艰难岁月的历史片断:14个人,14顶草帽,这几乎成为强5小组的一种标志。破旧的汗衫也许是时代的缩影,却掩盖不住航空报国的热情。总设计师陆孝彭和设计人员同甘共苦,用这些手工操纵的设计工具描绘着现代化超音速强击机的蓝图。

两年之后,14人的小组铆成了第一架供静力试验用的机体,强5终于重

现生机,全面恢复了试制工作。

1965年6月的一天,天空中飘着小雨,首架试飞的强5飞机以矫健的风姿冒雨腾空,成功地完成了全部试飞科目。

陆孝彭:"强5飞机是我国自行设计成功的第一种超音速强击机,它的诞生标志着中国的航空工业走上了自行设计现代化喷气式战斗机的道路。"

曾经有人问陆孝彭:"飞机设计师的天职是什么?"他的回答是:"让没有生命的东西飞翔。"为了让强5飞得更远,攻击能力更强,被誉为"强5之父"的陆孝彭又组织研制了强5鱼雷攻击机、特种武器机、加大航程机等改进机型。

1972年,强5特种武器机在罗布泊上空进行了氢弹甩投试验,成功地投掷了我国第一枚实战氢弹,开创了中国使用强击机低空投放核武器的先河。

1993年9月7日,第4000架强5飞机下线,强5成为我国最主要的出口创汇机种。同时它被载入著名的英国《简氏飞机年鉴》,被国际上正式公认为当代先进的机种之一。

三、空中美男子

1989年6月,在巴黎第38届国际航空航天博览会上,中国的歼8-Ⅱ型飞机首度露面就引起了世界的关注。由于它出色的低空作战能力和全天候拦截攻击能力,以及飞行时特有的美感,歼8-Ⅱ型飞机在一片赞叹声中获得了"空中美男子"的称誉。

说到这位"美男子",我们先来认识一下它的兄长:歼8飞机。歼8是我国第一架自行设计的高空高速歼击机,主要用于空中拦截与格斗,也可对地攻击。它甚至还能在2万米的高空作战,这在20世纪70年代的中国战斗机中,是绝无仅有的。

顾诵芬:"歼8飞机的设计,是吸取了部队使用米格21的经验。米格21最大的缺点是高空截击时间太短,只能在战区上空视线内停留一两分钟。另外,米格21没有雷达,所以看不远,而且在高空截击目标的火力也不够。"

歼8飞机虽然借鉴了米格21飞机的技术,但它的各项性能指标都超越了苏联的米格21。它火力更强、装有机载雷达、还能在高空停留更长时间。

1969年7月5日,这一天,歼8飞机披红挂彩,缓缓驶出厂房。这是当年的新闻片,机场仿佛一片欢乐的海洋,人们激动地仰望蓝天,看着自己制造的歼击机像一道闪电直射长空。

试飞过程中,飞机尾部曾多次出现抖振现象。为歼8飞机倾注了全部心血的总设计师顾诵芬尽管并不具备飞行员的身体条件,却冒险乘坐教练机,在空中跟踪歼8飞机,进行现场观测。3次飞行结束后,通过减少飞机尾部气流的阻力,顾诵芬最终彻底解决了飞机抖振问题。

在那个动乱岁月,歼8飞机历经波折,从1965年正式立项到1979年设计定型,其研制周期长达14年。相比之下,诞生于改革开放初期的歼8-Ⅱ飞机格外幸运,它的研制只用了8年时间。

歼8-Ⅱ飞机同样由顾诵芬主持设计。歼8-Ⅱ的设计充分体现了当时国际上先进的歼击机设计思想。那就是不再单纯追求"更高、更快",而是着眼于改进飞机的中低空机动性能,完善机载电子设备及武器、火力控制系统。

歼8-Ⅱ飞机采用从机身两侧进气的方式,提供了足够的空间来换装大口径天线的机载雷达。这种雷达能跟踪10个目标,并能同时攻击两个最危险的目标。飞机还装备了先进实用的综合火控系统,能完成自主导航、辅助导航、空中拦截和格斗、空对地攻击、控制和显示等五项任务。

作为一专多能的高空高速全天候歼击机,绰号"空中美男子"的歼8-Ⅱ飞机备受中国空军的青睐,成为当时装备的重要机种之一。西方舆论界对此评论道:"歼8-Ⅱ飞机的诞生,标志着中国歼击机的研制已经脱离了苏联米格系列,进入了自行发展的新时期。"

四、从战士到院士

这是20世纪90年代我军一次空对空导弹攻击演练。在机载雷达显示靶机目标被锁定的一瞬间,飞行员果断地扣下外挂武器发射扳机,一道火龙顿时从机翼下呼啸而出,准确无误地击中靶机。这种能够进行超视距攻击的火控系统,就是我国第一套自行研制的数字式航空综合火控系统。它的总设计师李明,传奇般地从一名普通的解放军战士成长为中国工程院院士。

当年,抗美援朝的烽火点燃了无数年轻人青春的热情。16岁的李明投笔从戎,成为一名解放军战士,从事维修飞机仪表的工作。后来,也许就是母亲的一封信,改变了他的人生。

李明:"四十多岁的小脚老太太,扫盲后给我写来了一封信。当时家中还有5个弟妹,母亲尚且能在繁重的家务中抽时间学习,并对我提出了上大学的希望。"

在母亲的激励下,李明考上了军校的飞机自动化专业,从此,他从修理飞机的普通一兵跨入未来的飞机设计师的行列。

在20世纪六七十年代,当许多人还不知电脑为何物的时候,李明敏锐地意识到了计算机广阔的应用前景,于是开始探索与计算机技术紧密相连的航空电子火控系统。

火控系统是形成和决定飞机作战能力的重要因素,然而我国的飞机火控系统与世界先进飞机相比,在精度、反应时间以及武器系统的命中概率三大指标上都存在较大差距,即使是歼8-Ⅱ这样的新式战斗机也不例外。

为了打破西方在这一领域对中国的技术封锁,李明带领科研人员历经无数个不眠之夜,终于设计出我国第一套数字式航空电子综合火控系统。

这套系统采用集中控制、分布处理的设计思想,通过数字式数据总线网络,做到信息综合利用,资源共享。另外,火控系统中还配置了惯性/全球定位组合导航系统、多功能显示系统、双杆操纵系统和新型的敌我识别系统,从而具有较强的下视、下射和抗干扰能力,能够对目标进行全天候探测、识别和攻击。

李明:"原来歼8-Ⅱ是以平行为中心的火力控制系统,对雷达、惯导等方面的集成都是用模拟式来做的,现在的歼8-Ⅲ工程,就是用数据总线把这些传感器、控制器集成起来,是一个数字化、自动化系统。"

从离散型到综合化、智能化,这是我国航空电子系统一个全新的飞跃。飞行员可以做到双手不离驾驶杆就能发射各种武器,超视距发现目标,并且在不与对方兵力直接接触的条件下,使用远程火力袭击对方。这套综合火控系统的应用,使我国新一代歼击机如虎添翼。随着我国新一代歼击机的腾飞,李明也从一名维修飞机的军人成长为中国工程科学院的院士。

五、冲天飞豹

在共和国50华诞的庆典中,6架"飞豹"战机以箭形编队分秒不差地飞过天安门上空,以迅捷威猛、势不可挡的气势接受党和人民的检阅,向世界展示了我军凛然不可侵犯的尊严。

走近飞豹,一种神秘感油然而生。它的机头向下俯视,两侧黑黝黝的圆形进气道如同一对寒光凛凛的眼睛,它们与机翼融合并向后伸展,形成蜂腰形机身。机身上跃起的两翼好似大鹏展翅,咄咄逼人。独特的"八字形"小轮距机身起落架,犹如猎豹的前爪稳稳站立。

最初研制"飞豹"时,条件很艰苦。由于没有一间固定的试验室,许多试验都是在露天完成的。八百多位设计人员用手摇计算机和计算尺处理成千上万的数据,用铅笔和尺子在图板上一点点地勾画成型,设计初期的整个绘制任务就是这样完成的。

后来,为了探索更先进的设计模式,总设计师陈一坚组织研制了计算机辅助飞机设计、制造及管理系统,飞豹也因此成为我国第一个电子化设计的机种。采用计算机辅助系统,大大地缩短了研制周期,还掀起了一场飞机设计手段的革新浪潮,这项开创性的成就荣获了航空工业部科技成果一等奖。

在新一代飞豹战机的改进过程中,1999年西安飞机设计研究所攻克了国内整机的三维数字化设计难关,做出了中国第一架电子版飞机。

虽然飞豹没有原机型可供参考,但总设计师陈一坚依然坚持采用国际上最先进的设计规范,并大胆地组织了多项技术创新。

陈一坚:"我们为了满足先进的战术技术要求,就用了美国的军用规范,这在我国是第一次用,撇开了苏联(过去)落后的规范。飞机的可靠性、可测试性、可维护性、可保障性等四性,预先都设计好了,因此这个飞机非常快地达到了空军部队空勤、地勤的要求。"

飞机好不好,飞过才知道。我们听听"飞豹"首席试飞员、被中央军委授予"试飞英雄"称号的黄炳新怎样评价飞豹。

黄炳新:"飞豹飞机性能优良,航程长,载弹量大,是一架不错的歼击轰炸机。"

作为中国第一种全天候超音速歼击轰炸机,飞豹的作战半径长达1 650千米,可以从长江以北起飞,直接打击东海、南海的海上目标。这样长的航程,连国外某些新型战斗机也难以望其项背。而且飞豹的最大载弹量为7吨,远远超过我军现役的各种战斗机,一举跻身于世界先进飞机的行列,成为维护我国领土完整的重要威慑力量。

1998年底,在第二届珠海国际航展上,"飞豹"战机首次揭去神秘的面纱,以长剑出鞘的磅礴气势冲天而起,时而疾如闪电,时而舒如流云,一连串空中特技动作,令全场观众惊叹不已,同时,也让世界同行刮目相看。

六、高飞的"竹蜻蜓"

两千多年来,古老的"竹蜻蜓"一直是中国孩子手中的玩具,然而它却为西方的设计师带来了研制直升机的灵感,被国际航空界视为直升机旋翼的最早雏形。在"竹蜻蜓"最早起飞的国度,研制自己的直升机已成为中国几代航空人共同的梦想。

1996年12月,我国自行设计的第一架直升机终于首飞成功,这就是直11直升机。

精彩的飞行特技充分显示了直-11直升机的卓越性能。但是,一些外国

专家曾断言:中国的直升机在海拔3 000米以上地区就没有使用价值。

在2000年举行的高寒试飞中,直-11在海拔3 000米以上的青藏高原,成功地打开了"飞行禁区"。而且,直-11冒着-28℃的低温连续航行2小时,创下了中国直升机飞行史上的低温飞行新纪录。

令人眩目的直升机特技动作是依靠竹蜻蜓一样的旋翼系统来完成的。比如直升机在空中突然停飞时的自转下滑特技,就利用旋翼自转着陆;着陆时要求试飞员在极短的时间内连续完成调整航向、降低速度等7个动作,稍有不慎,后果将不堪设想。

这些高难度的试飞项目,直-11都一次性顺利完成,使得以特技飞行闻名的俄罗斯试飞员对直-11的品质性能赞不绝口。2001年春,直-11获得了由中国民航总局颁发的民用生产许可证,成为中国目前唯一获得这项证书、并经过全过程验证的直升机机型。直-11总设计师丁仪赋予了直升机全新的设计理念。

丁仪:"直-11是我国首次自行设计、具有自主知识产权的直升机。从它的技术特点来看,属于单发动机、单旋翼、单尾桨的直升机。它从旋翼上共有三面旋翼,采用了星形柔性桨毂,桨轴采用全面复合材料,机身由金属、复合材料两者结合,起落架采用带阻尼器的滑橇式起落架,油箱第一次采用复合材料。"

目前,直-11已成为在国内使用出勤率最高的直升机,教练、救护、缉私、消防、旅游等多个领域都有它的用武之地。

在江苏省第三届消防运动会上,直-11出色地完成了高层灭火抢险救人的实战演习,这是我国第一次有直升机参加的消防演习。

2002年,一架直-11型直升机在中央电视台安家落户,内地媒体首次拥有了自己的专业直升机。在中央电视台直播长江三峡截流的历史时刻,我们共同目睹了直-11航拍机带来的精彩画面。经过几代航空人的艰苦攻关,在20世纪末,制造直升机的梦想终于实现,高飞的"竹蜻蜓"被赋予了新一层的含义,再次成为炎黄子孙共同的骄傲。

七、飞出国门

1909年,中国第一位航空先驱冯如驾驶着自己制造的载人动力飞行器飞上蓝天,但遗憾的是,由于历史原因,此后中国就再没有独立制造过飞机;1999年,我国研制的K8教练机带着全套生产线在埃及机场平稳降落,标志着我国依赖国外飞机和生产线的历史从此结束,中国航空开始跨出国门。这一刻,距冯如的第一次起飞,已经过去了整整90个春秋。

K8教练机是南昌洪都集团与巴基斯坦合作研制的新一代喷气式基础教练机,被人们亲切地称为"喀拉昆仑之鹰"。喀拉昆仑是中国和巴基斯坦交界的山脉,那里的雄鹰矫健灵活、一飞冲天,设计师们相信,K8教练机也会像雄鹰一般一往无前,所向无敌。

K8的总设计师石屏自信地说,K8的研制成功一举创下了我国航空工业史上的三个第一。

石屏:"K8飞机的综合性能,优于国际上同类的飞机,它有三个第一,一是我国自筹资金引进外资研制的第一种飞机,二是我国输出全体生产线和设计技术的第一种飞机,三是我国进行全机可靠设计的第一种飞机。"

尾冲是一种高难度的飞行技巧,不仅需要驾驶员技术高超,更需要飞机性能卓越。目前国内能进行尾冲飞行的飞机,只有歼7MG和K8。这是第43届巴黎航展会的盛况,我国飞行员驾驶K8成功地完成了尾冲等一系列高难度动作,K8当即被评为"本次航展'十佳明星飞机之一'"。

K8教练机是中国的骄傲,二十多个国家的飞行员在驾驶过K8之后,都为它的性能所折服,一位俄罗斯特级飞行员说,K8是他所驾驶过的世界上最好的教练机之一。

1994年秋,在首批K8飞机出口巴基斯坦的交接仪式上,将军夫人也被K8深深吸引,坐进驾驶舱寻找御风而行的感觉。

凭借强大的实力和众口皆碑的声誉,K8在国际航空市场上备受青睐,如今已经销往6个国家,累计交付上百架,其产值已超出投资总额的五十多倍。

2002年9月,又一架中外合作研制的出口型飞机举行了正式投产仪式,这就是成都飞机设计研究所研制的超7战斗机。

杨伟:"超7飞机主要是为了满足国际上更新像米格21、歼7以及强5这一系列飞机的迫切需要,采用共同投资、共同开发、共担风险、共同受益这4种原则来进行开发研制的新一代战斗机。"

1949年,新中国开国大典上,有17架飞机飞过天安门上空,却没有一架是由中国自己制造。1999年,当共和国喜迎50华诞时,在同一片广场上空,132架雄鹰列阵长空接受检阅,每一架都是中国制造。

悠悠时光,转瞬即逝。从航空先驱冯如驾驶第一架飞机冲上蓝天至今,一个世纪过去了,中国航空工业发生了历史性的转变,从仿制到自行开发,再到技术出口,它凝聚了数代航空精英的才智和心血,实现了新中国蓝天事业50年的光荣与梦想。

飞行的安全和娱乐

> **日食500**
> 　　美国日食航空公司最近研制出的小型喷气式飞机,创新性地将铝应用于加工、构架和叫做摩擦焊接工艺的新工序中。这能够使飞机更轻、更便宜、飞得更快,更可靠。
> 　　所谓"摩擦焊接工艺"就是焊接机用摩擦力将金属板加热到熔点,将两块金属板焊接起来。这种自动焊接工艺可以代替连接机翼和机身构件的铆钉,省去了固定铆钉的高强度劳动。这项技术是由英国剑桥大学的焊接学院开发的。

　　飞机是目前最快捷的长途交通工具。借着它,人们可以翱翔蓝天。只不过从登上飞机的那一刻起,乘客的身家性命就暂时不受自己控制了。这一点和天上小鸟可大不相同。

鸟和飞机

　　鸟害怕人,飞机却怕鸟。出没于机场上空的飞鸟,如果不慎撞上飞机或被卷入发动机里,往往会造成机毁人亡。清华大学席葆树教授研制了"气流扬声器",它能将压缩后的空气转化成声波,先由强声波传声器传出,再由这个旋转的大锅把声音集中成束后,像探照灯一样反射出去。预设的9种令小鸟们害怕的声音可以达到既驱散鸟又不伤害它们的目的。

　　除了声音,用别的方法也能够达到相同的目的。加拿大的一位养鸟专家发明了一种机器猎鹰,不仅外表逼真,更具有猎鹰的凶猛迅速。难明真相的小鸟一见它便四散奔逃。机器猎鹰的好处一是对主人言听计从,二是可以随时随地执行任务,三是它永远不会累。

　　鸟虽然可爱,但还是让它们远离机场周围为好,因为这关系着每一位乘客的安全。

安全与娱乐

　　在所有交通工具中尽管飞机安全系数最高,还是有许多人害怕坐飞机。据统计,1/10的美国人患有不同程度的飞行恐惧症。现在"虚拟现实"的技术成了治疗这种病症的好手段。在可控制的虚拟环境里,病人不断重复经历,在医生的指导下学会缓解自己的紧张情绪。用这种方法治愈的患者,不但可以身在蓝天,有的甚至掌握了飞机飞行的机械原理。

紧张的情绪消除了,可旅行中的单调乏味怎么消除呢?用一种安装在客机顶部的新式卫星天线系统,就可以解决这个问题。每个乘客座位前的电视屏幕能接收3个卫星传来的节目信号,有24个频道供人选择。飞机上提供的无线上网功能更加丰富了飞行途中的内容,乘客轻松自在,旅途也很愉快。

如果想更加舒适地度过空中之旅,那可以尝试乘坐这种最新推出的"日食500"型私人飞机。"日食500"型私人飞机身小巧,可这并不妨碍它的高技术含量。仅有40千克重的发动机能够让飞机以每小时640千米的速度飞行,高度可达到1.2万米。这款计划在本月投放市场的飞机造价不到100万美元,和别的私人飞机相比便宜了近一半。

动静之间

我们见过赛车、赛艇,却难得见过赛飞机。最近就有两个美国人准备开着改装过的二战时期的战斗机在天上比一比到底谁快谁慢。这架名叫"珍贵的熊"的飞机,配有4 000马力的大功率发动机,机翼也经过改进,大大减小了飞行阻力,时速高达850千米。而这架改装的野马战斗机根本不把它放在眼里,九月份它和"珍贵的熊"要进行正式比赛,看看谁才是螺旋桨机型中飞得最快的速度高手。

高速地飞行会带来极大的噪音。超音速的协和客机在飞行时甚至会产生音爆。这种震耳欲聋的巨响差点使协和飞机遭到禁飞。科学家们正着手设计能安静飞行的超音速飞机。他们设想将飞机的机头拉长,机翼沿着机体伸展,减轻对空气的挤压,同时利用微型喷嘴把高压空气喷入发动机排气管,降低发动机的强大噪声。既能超越音速,又能静静飞行,这将是新一代飞机带给我们的新感受。

海上航天城

新一代航天远洋测量船

新一代航天远洋测量船的建造,采用当前船舶建造、航海气象、电子、机械、光学、通信、计算机等领域的最新技术,由通用船舶平台和试验特装两大部分组成,分为船舶、测控、通信、气象四个系统。甲板上同时安装S波段统一测控系统、C波段统一测控系统和C波段脉冲雷达三套大型测控设备,这在测量船建造历史上尚属首次,将大大提高测量船完成海上科研试验任务的能力。

1957年前苏联发射了第一颗人造地球卫星,宣告人类开始了探索太空的实践活动。现在,每天都有上百颗各类航天器环绕地球飞行。为了保证航天器按照人类的要求飞行和完成各种任务,每个航天器都要接受建在地球上的测控站的跟踪、测量和控制。由于受地球曲率的影响,一个地面测控站对低轨航天器的作用圈半径比较小。为了提高对航天器跟踪的覆盖率,人们自然想到了在占地球表面积70%的海洋上对航天器进行跟踪测量。为了适应航天事业发展的需要,我国于20世纪70年代开始组建远望号航天测量船队。

我国航天远洋测量船是我国航天测控网的重要组成部分,它可以根据各类航天器不同的飞行轨道和测控要求布阵在三大洋某试验海域,在航天器飞行控制中心的指挥下,跟踪测量航天器的飞行轨迹,接收遥测信息、发送遥控指令、完成电视图像传输和语音通信等功能。

在我国神舟号飞船的飞行试验中,航天测量船队根据需要分别布置在太平洋、印度洋、大西洋三大洋上,对飞船进行跟踪测控。其中太平洋上两艘,分别位于日本东南和新西兰以东洋面;另外,印度洋澳大利亚西侧及大西洋南非西南洋面上各有一艘。测量船通过静止通信卫星接收航天指挥控制中心的各种数据和指令,实施对飞船的跟踪、测量和控制;用雷达跟踪数据经过船姿船位修正后确定飞船轨道,把反映飞船飞行状况的遥测信息和宇航员工作、生活情况的电视图像接收记录下来,与宇航员进行双向通话,及时将各种信息传送到航天指挥控制中心;与陆上测控站构成有机的整体,共同完成飞行试验任务。二十多年来,海上远洋测量船队已累计安全航行七十多万海里,相当于绕地球三十余圈,40次担负国家级重大海上试验任务,成功率达100%。

神舟号飞船的飞行方案和轨道特点与航天测量船过去跟踪的航天器不同,这给海上测控任务的实施带来了许多新的技术难题。在飞船多天的自主飞行中,每一艘测量船要对飞船进行多圈的跟踪,4船一共要完成一百多个弧段的测控任务。这些任务主要包括:测量确定飞船的轨道;接收飞船下发的各种遥测信息,监视飞船的飞行状态;控制飞船太阳帆板展开,向飞船注入各种控制数据;接收飞船的电视图像传输,建立地面航天指挥控制中心与飞船的语音通信;对飞船进行调姿、舱段分离、返回制动控制等。这些任务的完成对飞船的飞行试验有着至关重要的作用。

测量船作为海上活动测控站,可以在广阔的洋面上灵活、合理地布站,甚至可以在一次航天飞行中,前后在两个点位上完成任务,因此,几个航天大国都使用过测量船,测量船对航天事业的发展做出过重大贡献。

随着我国航天事业不断发展,我国的航天测控站在1980年开始向广阔的海洋扩展,我国是继美、俄、法之后的第四个拥有航天远洋测量船的国家。迄今为止,远望号测量船队航迹已延伸到三大洋,展现了我国海上航天测控技术的水平和实力,这支特殊的船队又被称为"漂浮的国土"。

我国的远望号航天测量船是可以单船完成空间飞行目标定位、天地双向数据传输和岸船通信的综合性航天测量船。测量船建造吨位均为万吨级以上,在以18节航速航行时,续航能力18 000里,可航行于南北纬60度之间的任何海域。测量船的船舶系统主要由航海系统、气象系统和船舶动力系统组成。航海系统装备有先进的驾驶和导航设备;气象系统为船舶在各种恶劣海况条件下安全航行和航线选择提供决策依据,还为空间目标定位提供温、湿、压等气象参数。测量船的动力装置为一般船舶所不及,它不仅为测量船提供航行动力,而且为全船的测控设备提供电能,其发电能力足以满足一座30万人口城市的用电需求。另外,为了提高船的机动性,测量船还装备了特有的艏侧推装置,它是装在船头部位的侧推螺旋桨,提供向左或向右的侧推力,方便测量船转向。减摇鳍是测量船上的又一特有装置,它就像鱼鳍一样,装在船的两侧水下,船上陀螺测出船的摇摆信号,控制鳍的运动,使之相对船纵轴产生一个力矩,减少船舶的横向摇摆,从而提高测量的精度。

试验装备是完成各项测控任务的核心,而雷达和微波统一系统是其中的主要设备,它可直接对航天器和运载工具进行轨道测量、遥测、遥控以及与载人航天器通信的主要设备。

船姿船位系统包括惯性导航设备、卫星导航设备、船体变形测量设备、经纬仪等,主要测量船舶在海上的位置和船体姿态,提供全船的位置和姿态的基准。中心计算机系统与各设备的终端微机连成计算机网络,对各种测量数据进行加工处理,指挥显示终端将测量数据加工成各种画面,为指挥员实施指挥提供依据。

测量船的卫星通信和海事卫星通信设备建立了与航天指挥控制中心的信息通道,与陆上测控站一起组成全球范围内的航天测控网。另外,天地超短波通信设备担负着与宇航员直接通话的重任;时间统一系统为全船各设备提供标准时间和频率信号,它可以将时间同步精度控制在万分之一秒内,保证船内各测量设备及测量船与其他测控站同步工作。

远洋航天测量船集先进的造船、航海技术于一身,装备了我国最先进的航天测控通信设备,被誉为是"海上航天科学城"。

远洋测量船是把陆基的测控站搬到船上,这样可以在广阔的海洋上流动布设。航天测控要在统一的时间和空间内进行,时间统一是由时间统一系统实现各测量设备精确同步工作,而空间统一要求建立统一的坐标系,测定精确的站址。陆地上,测控设备安装在稳固的地基上,而海上测控是在地球转动、海水流动、船体运动、天线摇动、目标移动的情况下,对航天器进行跟踪测控,与陆地上静基座条件下测量相比它有许多不同的技术特点。

测量船利用雷达跟踪测量空间目标,同时用GPS接收机和惯性导航设备同步测量船体的位置和姿态,提供位置和姿态的基准,对每一组跟踪数据进行修正处理。惯性导航设备的核心是惯导平台,不管船在海上如何运动,惯导平台的方位指向正北,水平面保持与当地的水平面平行,这样可以测出船体相对平台的运动。

海水、涌浪对船体各部位的不均匀作用,使得船体不同部位之间发生弹性变形,造成雷达天线基座相对惯导平台的位置和角度产生变化,使所测数据在空间上存在偏差。因此需要安装变形测量设备,在修正船姿船位的同时,进行船体变形的修正。

测量船摇摆时,船上的天线也会跟着摇摆,这种情况会影响天线对目标的跟踪。船载测量设备天线的伺服系统能够根据惯导送来的船姿船位数据,控制天线朝船体摇摆的相反方向运动,修正船体摇摆的影响,使天线稳定地指向跟踪的目标。

航天测量船的测量精度和稳定性要求高于其他任何船舶,高精度的航天测控任务,要求测量船上的测控设备必须具有很高的稳定性、可靠性,必须用许多技术手段解决船体振动、涌浪冲击等影响,船上的天线口径最大的有12米,必须具有10级以上的抗台风能力。

我国的航天测量船船长都在150米以上,型宽约二十多米,在这么小的一个空间上,有五十多副各种天线,船内高频设备众多,电缆纵横交错,总长达四十多千米,因此测量船的电磁环境非常复杂。在设计、建造测量船的过程中,采取隔离、屏蔽、接地等综合措施较好地解决了电磁兼容问题。

航天远洋测控技术是我国航天技术的一个重要组成部分,现在我国已经实现了从单纯的测量到测控、从在太平洋执行到去三大洋执行任务,从对火箭、卫星测控到对宇宙飞船测控这样三次大的跨越,从而使我国航天远洋测控技术达到了世界先进水平。

远洋测量船队是我国航天测控网不可缺少的重要组成部分,她为我国的远程运载火箭、应用卫星和宇宙飞船的飞行试验任务做出了巨大的贡献,为国民经济发展和国防建设建立了不可磨灭的功勋。

火箭的分离技术

> **火箭分离技术**
> 串联式多级火箭是由多个(两个或两个以上)首尾相接的圆柱形箭身组成的。有效载荷通常安置在多级火箭顶端的整流罩内。每一段称做级火箭的箭身都带有自己的推进剂、推进剂储箱、火箭发动机、仪器装置以及容纳这一切的箭体结构。飞行开始时，只有底部一级即第一级推动整个火箭。第一级的推进剂燃烧完毕之后，小包炸药断开第一级与下一级(第二级)火箭箭体的连接，第一级火箭脱落，由第二级火箭把剩余的部分向上推起。这样的过程一直持续到最上一级火箭发动机关闭、卫星进入轨道为止。在多级火箭中，因为第一级火箭必须把自身和其他各级火箭以及有效载荷全部推动升向空中，所以第一级火箭所装的推进剂量总是超过其余各级，使用的发动机功率也比其他各级大很多，通常第一级火箭占起飞质量的50%。

人类为向太空运送大型飞行器，或将飞行器送到更高的轨道，将火箭由单级发展为多级，有的要在火箭上捆绑小型火箭做助推器来提高火箭的推力，为了保护有效载荷还要给它们加装上整流罩。当然，这些都增加了火箭的飞行质量。这些捆绑上的助推器和整流罩在完成其工作后都会成为多余的重量。为充分利用火箭的运载效率，让火箭轻装上阵，运载火箭设计师给火箭安装了分离机构，如助推器分离机构、级间分离机构、抛罩分离机构以及星箭分离机构等，由火箭的控制系统指挥它们解锁分离。

分离机构必须可靠，如果它们工作失误，捆绑的助推器或者末级火箭在关机后不能分离的话，火箭发动机的推力将消耗在这些多余物上，从而降低火箭的运载效率；火箭整流罩如不能正常分离将导致发射任务失败。

大型助推器的分离多采用固体分离火箭，每个助推器分别通过前连接面的杆系结构和后连接面的球头结构同火箭芯级相连。在助推器发动机关机后，用于连接的爆炸螺栓和分离螺母分别解锁，装在助推器上的固体小型分离火箭点火，将助推器推离火箭芯级，助推器自由下落完成分离。

级间分离采用热分离方式：下面级火箭按预定程序关机后，上面级火箭按预定程序启动发动机，当它的推力到达一定值时，控制系统发出指令，引爆连接两级火箭的爆炸螺栓，使两级火箭在上面级发动机喷出的高速燃气作用下逐渐分开。

整流罩抛罩采用"解锁—翻转—分离"方式。在抛罩时，联接两个整流罩半罩的爆炸螺栓首先解爆，两个半罩围绕着下面级前端框上的铰链翻转，随着火箭加速上升，整流罩分离下落。

星箭分离通过包带解锁方式进行。当火箭控制系统发出星箭分离指令，连接卫星和有效载荷支架的包带上的无污染爆炸螺栓起爆解锁，解锁后的包带被安装在有效载荷支架上的拉簧拉回，卫星被分离弹簧推离火箭。

让我们通过火箭的飞行时序来进一步了解火箭的分离情况：当火箭从发射台起飞后飞行至120秒时，安装在火箭顶部的逃逸塔分离。当火箭飞行至140秒时，将助推器推离芯级火箭，完成分离；飞至160秒时，一级火箭在二级发动机喷出的高速燃气作用下分离；200秒时，整流罩上的爆炸螺栓引爆解锁，整流罩分离；583秒时，无污染爆炸螺栓起爆解锁，最终完成船箭分离。

从火箭的分离技术我们了解了火箭技术的精巧和系统的复杂性，火箭系统的每一个环节都不允许失误，否则就不能保证飞行的成功。为了能使火箭在空中的分离程序万无一失，火箭设计师们反复进行地面试验，确保设计方案的正确性和可靠性。

随着我国航天技术的不断发展，长征系列火箭家族日益壮大，长征火箭将向着高可靠性、大运载能力的方向努力，为我国的航天事业做出新的贡献。

火箭与发动机

> **火箭发动机**
>
> 　　是喷气发动机的一种,它将推进剂箱或运载工具内的反应物料(推进剂)变成高速射流,由于牛顿第三定律而产生推力。火箭发动机可用于航天器推进,也可用于导弹等地面应用。大部分火箭发动机都是内燃机,也有非燃烧形式的发动机。

　　火箭是现代文明社会高科技的象征。火箭庞大的身躯拔地而起,是谁有如此大的神力能把成百吨的庞然大物送入太空呢?是火箭发动机系统。

　　假如把火箭喻为人体,那么发动机就是火箭的心脏,是火箭的动力工厂。发动机靠燃烧自身携带的推进剂来产生巨大的反喷力,把火箭送入太空。它们的工作性能不但决定火箭运行的高低和远近,还为火箭完成各种姿态运动及控制提供动力。发动机按照功能分为主发动机、助推发动机、游动发动机、姿态控制发动机、轨道控制发动机等。衡量火箭发动机工作性能的参数叫做比冲,目前火箭发动机的比冲可达每秒2 500~5 000米量级。

　　火箭发动机有许多种。按照其推进剂的不同大体可分为液体火箭发动机和固体火箭发动机。固体发动机的发展起源于我国的宋代,1161年黑火药火箭"霹雳炮"就已用于宋、金之战。固体发动机结构简单,体积小,机动性好,工作可靠,使用简便,能长期贮存。固体发动机的缺陷是工作时间短,难以重复启动,因而一般应用于导弹武器系统。

　　从外形上看,运载火箭结构中巨大的圆柱形箱体是存放发动机燃料的仓库,可存放上百吨燃料,液体火箭发动机往往体积较大,工作时间较长,性能可靠,能多次重复启动,但它的设计比较复杂,使用不太方便,因此,在大型运载火箭设计中被广为采用。

　　液体火箭发动机是如何工作的呢?推进剂供应系统把推进剂按规定的流量和压力输送到推力室;推力室将推进剂通过其喷注器注入燃烧室,再经雾化、蒸发、混合、燃烧或分解，生成高温高压燃气，从喷管高速喷出产生巨大的推力。

我国长征系列火箭的主发动机采用的都是液体火箭发动机。"长征2号F"火箭是目前我国所有运载火箭中起飞推力最大、长度最长、可靠性要求最高的一枚新型大推力捆绑火箭。它的主发动机是由4台推力为75吨的液体发动机并联而成，推进剂的氧化剂为四氧化二氮，燃烧剂是偏二甲肼。

1999年11月20日6：30，中国第一艘载人实验飞船——"神舟"号，在酒泉卫星发射中心由"长征2号F"运载火箭发射升空，这次飞行试验是中国航天史上一个重要的里程碑，标志着中国载人航天科技的历史性跨越。

历史进入了新世纪，航天技术领域面临着新的挑战，我国固体火箭发动机正在向着大型化、大推力、高效率方面发展，液体火箭发动机的发展趋势是提高运载能力、使用寿命、可靠性和任务的适应性。未来我国航天事业的发展将为促进国民经济建设、提高国防实力做出贡献。

"神舟"太空之旅

"神舟"三号飞船

由中国航天科技集团公司所属的中国空间技术研究院和上海航天技术研究院为主研制,"长征2号F"运载火箭由中国运载火箭技术研究院为主研制。这次发射是长征系列运载火箭第66次飞行。自1996年10月以来,我国运载火箭发射已经连续24次获得成功。

2002年北京时间3月25日22时15分,"神舟"三号飞船由"长征-2F"大推力运载火箭送入太空,开始了它7天的太空之旅。

运载火箭飞行583秒,船箭分离,飞船进入初始椭圆轨道,船箭分离后,北京航天指挥控制中心发送遥控指令,控制飞船展开太阳帆板,推进舱上的太阳帆板跟踪太阳进行旋转,在阳光照射区为飞船提供持续不断的电能。

飞船绕地球飞行至第5圈时,地面测控系统发出指令,飞船上两台大推力发动机点火,飞船进入341千米高的圆形轨道,在此轨道上飞船可以进行长期安全运行,并通过轨道维持控制,使飞船运行轨迹具有回归特性,每天都准确经过位于我国内蒙古的飞船着陆场上空。

受地球曲率的影响,测控站可以跟踪飞船的弧段有限。为提高对飞船跟踪的覆盖率,并在载人飞行状态下使地面测控系统与航天员保持密切联系,我们在太平洋、大西洋和印度洋海域布设了远洋测量船,实现了飞船在轨道上运行的一百多圈过程中每一圈都能对飞船进行跟踪,确保对飞船入轨、返回控制等关键弧段进行实时监视和控制。

载人航天中飞船返回控制最为复杂也最为关键,中国是世界上第三个掌握这一技术的国家。将距离地面三百多千米、以每秒7.8千米运行的飞船准确控制到返回轨道并非一件容易的事。飞船在地面测控系统的控制下,一次性连续完成了调姿、轨道舱分离、二次调姿、建立制动姿态等一系列关键动作。按照注入指令,飞船制动发动机点火,飞船减速,进入返回轨道,飞船轨道下降至约145

千米高度时,飞船推进舱与返回舱分离。飞船返回舱下降到预定高度时,开始启动升力控制,将过载值减小到航天员承受范围之内。在返回制动开始到飞船返回舱落地的四十多分钟时间里,地面测控系统根据各种测量数据,迅速准确地预报出返回舱落点坐标。引导伞拉出减速伞,主伞打开,着陆缓冲发动机点火。搜索直升机和地面搜救人员按北京中心预报结果快速赶到返回舱落点。

飞船返回舱返回地面后,轨道舱继续留在轨道上运行。飞船轨道舱上安装有大量科学实验仪器设备,在留轨飞行的半年时间里,对空间和地球环境进行探测,并将试验数据及时传回地面,起到了发射一次试验、综合利用、多方受益的效果。

2002年4月1日16时51分,在地面测控系统控制下,"神舟"三号飞船安全、准确地返回到位于内蒙古的着陆场。这标志着我国的载人航天技术已取得新的重大进展。相信不久的将来,我国的航天员就可以乘着"神舟"飞船遨游太空,实现中国人的飞天梦想!

太空家园

> **生物圈2号计划**
>
> 设计在密闭状态下进行生态与环境研究，帮助人类了解地球是如何运作，并研究在仿真地球生态环境的条件下，人类是否适合生存的问题。为了尽量贴近自然环境，该圈中的土壤、草皮、海水、淡水均取自外界的不同地理区间，通过一定的人工处理再利用。例如，实验用的海水是将运进来的海水和淡水按照适当比例配制而成的。

人造卫星、载人航天和深空探测，构成了人类航天事业的三部曲。冲出地球，在太空中寻找新的生存空间，是人类有史以来最大的愿望。

太空探测表明，至少在地球周边40万千米范围内，没有适合人类直接居住的第二个星球。在太阳系浩瀚的海洋里，乘坐地球这艘航船的人类找不到停泊的港湾!

要想在地球之外建立新的家园，人类就必须拥有一个可以在太空中自我维持的生态系统。10年前，北美沙漠中建立的"生物圈二号"工程曾让无数的地球人眼睛为之一亮。这是按照地球生物圈上的一切要素建立起来的一个模拟环境。地球被定为"生物圈一号"，它为"二号"。其后还将在南极建立"生物圈三号"和"四号"，"五号"则准备发送到月球。

这是世界上最大的用人工建筑与陆地表面连接起来的封闭生态系统。在这个系统中，人为地再造了海洋、沙漠、沼泽、亚热带草原、热带雨林等生态环境和农业种植区，还饲养着千余种昆虫、鸟类、动物和鱼类。

8名科学家满怀希望地走进了这个世外桃源，计划在这个封闭的系统中，通过自耕自食、呼吸植物进行光和作用所产生的空气、饮用经过自然过程产生的水来维持两年的自给自足生活。

"生物圈二号"的目的是打算观察空气、水和废物在一个封闭的环境中怎样有效地再循环，验证离开地球人类是否能够创造出一个稳定的生态系统。一年多以后，这个生态系统中的氧气含量下降了近一半，生活在里面的脊椎动物大部分死亡，空气和海水变酸，只有蚂蚁、蟑螂在疯狂繁殖。最终，工作人员撤出，"生物圈二号"试验宣布失败。

科学家们并没有灰心。几年来他们一直在总结经验教训。美国航空航天局在珀杜大学专门设立了"先进生命维持研究中心"，尝试怎样将人制造的垃圾转变成维持生命的物质。用这种高温反应装置就能利用细菌将人类排泄的粪便转化成堆肥，而这种圆筒的塑料内壁上附着的微生物则可以吞噬有机污染物，空气和水净化的任务也由一些活性菌完成。

这些研究工作将避免重蹈"生物圈二号"的覆辙，为人类以后移民外星球、建造舒适的太空家园做准备。

中国在人造卫星、载人航天方面都已做出了很大成绩，相信以后也同样会在太空生物圈方面再次展现自己的实力。

应该允许我们对未来抱有这样的希望和幻想：条件适合的外星球上，一个个生物圈建立起来，它们联网运行，微生物和植物经过漫长的生命演化，构筑起新的大气圈和水圈，最终形成一个新的开放式生态自然环境，那将是我们人类新的太空家园。

太空监测站
——"神州"三号飞船轨道舱

> "神舟"三号
> 是一艘正宗无人飞船,飞船技术状态与载人状态完全一致。飞船上装有人体代谢模拟装置、拟人生理信号设备以及形体假人,能够定量模拟航天员在太空中的重要生理活动参数。这次发射,逃逸救生系统也进行了工作。这个系统是在应急情况下确保航天员安全的主要措施。飞船拟人载荷提供的生理信号和代谢指标正常,验证了与载人航天直接相关的座舱内环境控制和生命保障系统。

今天是"神舟"三号轨道舱和返回舱成功分离的第八天,地面测控站的科学家们依然忙碌不停,他们每天都要密切关注着"神舟"三号轨道舱的运行状况。截止到目前,"神舟"三号飞船轨道舱在地面测控站的指令下,姿态控制、数据管理等系统全部运行正常。在未来的6个月中,"神舟"三号飞船轨道舱还将继续在太空环绕地球飞行。它携带的科学探测器将完成对地球空间环境和外层高空大气的监测。

对于航天飞船来说,这里并不是能任意驰骋的安全空间。在这个层面,充斥着高密度的氧原子,散布着以往卫星和飞船留下的碎片,不时还会有来自外太空的流星光顾,这些都给飞船的飞行安全带来威胁。"神舟"三号携带的大气成分探测器、大气密度探测器,就是为了密切监视地球高层大气环境对航天飞船的影响。

对于高速飞行的飞船,氧原子如同一颗速度极高的微型子弹。它对飞船表面的不断撞击容易导致表面防护材料脱落,继而对深层金属氧化,缩短飞船寿命。

太阳的活动会大大加剧这种侵蚀。在太阳黑子活动高峰期,耀斑的频繁爆发导致了太阳辐射能的增加。在强烈的太阳辐射能加热下,高层大气氧原子变得异常活跃。飞船会受到更猛烈的氧原子侵蚀,飞船的飞行阻力也会因此加大,飞行所消耗的能源增加,最终导致飞船携带的能源供不应求,而提前返航。

同时,由于太阳活动而产生的高能粒子比地球大气的氧原子具有更高的破坏性,它们有可能击穿宇宙飞船上脆弱的集成电路板，导致仪器失灵或报废。

科学家们希望借助于"神舟"三号两个仪器发回的数据更清楚地了解距地300千米高度的空间环境，为将来神舟飞船载人飞行提供安全保障。科学家们已经在做出这样的努力。借助于国际卫星提供的数据，发射升空前中科院空间中心的科学家们准确预报出，在2002年3月25日，太阳活动将进入另一个活跃高峰期，并提出"神舟"三号不适宜在此时升空，"神舟"三号的发射日期因此而推后，保证了飞行安全。

同时，这两个仪器还将监测太空垃圾和来自外太空的流星。未来的"神舟"三号载人飞船能借此及时得到太空垃圾的分布状况、流星的到来时间，不断调整飞行姿态和轨迹，避开这些危险的飞行障碍物。

"神州三号"的轨道舱还携带着另外4台仪器，它们将完成对地球大尺度环境变化的监测。中分辨率成像光谱仪是我国第一台在轨运行的高精度地球监测仪。和以往的对地观测仪器相比，它能利用多达34种波长的光，对地球的同一区域拍照。观测方式的增加，意味着对地球环境分辨率的增强。海洋中赤潮的产生、地表荒漠化程度、农作物的长势都将得到细致的反映。

太阳常数监测器、太阳紫外监测器、地球辐射收支仪，将用于关注太阳对地球环境的影响。科学家们将利用这些数据分析太阳辐射能量的变化对地球气候的长期影响。

"神舟"三号在太空留下的轨道舱将在地面监测网的遥控下完成相关数据的收集，科学家们期待着它的消息。

太空实验室

2002年4月5日上午9：30，科学家们把玻璃管一个一个地取出来，玻璃管里的东西是从"神舟"三号试验飞船上带回来的宝贝。在以后的几个月中，他们将对这些宝贝进行深度的分析和研究。

在地面上进行的科学实验，由于受到重力的作用，实验材料的一些物理特性被掩盖了起来；而在太空里进行的空间材料科学方面的试验，因为摆脱了地球重力对实验的影响，就有可能获得更加理想的实验结果。

比如我们经常看见的水和油，由于比重不同，在地面上就会出现分层现象，而在太空里，因为摆脱了重力的影响，这两种液体就有可能充分地融合在一起。如果在太空进行合成工作，就能制造出在地面上难以合成的新型材料。"神舟"三号飞船空间材料分系统的科学家们正在对飞船带回来的太空合成材料进行更进一步的分析和研究。

在"神舟"三号飞船上还进行了空间生命科学实验,这些实验包括蛋白质和其他大分子的空间晶体生长实验和生物细胞培养实验。

经过飞行实验,在空间微重力环境中获得的结构完整的蛋白质晶体样品,将有利于我们研究蛋白质结构与其特殊功能信息的关系。这些研究成果对于获取甚至生产高纯、高效的生物制品和进行生物药品研制具有重要意义。

科学家们对动植物细胞的空间培养方法也进行了研究,在微重力对细胞生长增殖代谢合成和分泌生物活性物质方面的研究等取得了一些进展。研究人员告诉我们"神舟"三号带回来的这些实验样品将在新药研制等领域大有作为。

或许,在"神舟"三号带回的样品的后续试验中,人类攻克像艾滋病这样的恶性疾病将不再是神话。

对于很多科学家来说,能够在太空中进行科学试验是非常难得的机会。"神舟"三号是中国人自己的太空实验室,虽然它在太空停留的时间短暂,但是,它却标志着我国空间科学研究进入了新的发展阶段。

载人航天发射场

酒泉卫星发射中心是我国航天事业的发祥地,为适应载人航天工程的需要,这里建起了一座具有国际先进水平的载人航天发射场。发射场建成至今已成功地完成了"神舟"一、二、三号飞船的发射任务。

发射场测试发射工艺流程采用了垂直组装、垂直测试、垂直整体运输的"三垂"模式;垂直厂房可同时具备测试一发装配一发的能力。技术区与发射区之间通过光、电缆联接,可实施远距离测试、燃料加注及火箭发射。"三垂"模式、远距离测试发射控制方式标志着我国航天领域测试发射技术达到了国际先进水平。

在发射场的建筑群中,垂直总装测试厂房最为雄伟,它高93米,为亚洲最高的单层厂房;大门高74米,是亚洲第一门,它由6扇重20吨的钢板组成,大门开启时,顶端的专用卷扬机依次将6块庞然大物提起,场面十分壮观。运载火箭的吊装;箭上单元仪器的测试和安装;火箭分系统测试、匹配检查、全箭检查;飞船、火箭、逃逸塔对接;人、船、箭联合检查都在这里完成。

指挥大厅是最前沿的一个综合型的指挥控制中心,由指挥监视控制设备、火箭总体测控网、待发段航天员救生控制台等组成。主要完成对垂直厂房及发射工位上火箭的远距离测试及飞船发射前的各项准备工作。

脐带塔为钢结构固定塔,高75米,由回转工作平台、升降台、摆杆装置、紧急撤离通道等组成。塔上设有加注供气管路、自动消防系统。主要完成火箭推进剂加注,火箭射前检查并实施发射;脐带塔在紧急状态下还可以实施对火箭的消防、冷却,并为航天员紧急撤离提供通道。

> **载人航天发射场**
> 主要由发射区、技术区、试验指导区、航天员区、首区测控站和试验协作区等几部分组成。发射区设计简单、建有脐带塔、导流槽、火箭推进剂加注系统等发射设施及其配套建筑,以完成飞船,火箭等系统检查测试,加注火箭推进剂,航天员进舱,临射检查,瞄准和发射等工作。

酒泉卫星发射中心研制成功了航天器推进剂废气处理技术,该技术具有避免二次废气污染、安全可靠、操作简便等优点,投入使用后使发射场及周边大气环境得到了改善。

中心的技术人员经过多年努力,突破了待发段应急救生的关键技术,构建了科学合理的指挥控制和辅助决策支持体系,研制了火箭倾倒监测系统、逃逸控制辅助决策系统。该技术达到了国际先进水平,填补了我国航天领域的空白。

张建启(酒泉卫星发射中心主任):中心是我国唯一的载人航天发射场,中国航天员邀游太空的梦想很快就要在这里实现,载人航天工程的后续任务非常繁重,新型号卫星的发射工作马上启动,我相信,作为我国航天高科技窗口的酒泉卫星发射中心,将以"国内一流,世界前列"的新形象展现在世人面前。

四十多年来,酒泉卫星发射中心在中国航天史上写下了光辉的一页:
1960年9月10日,首次用国产燃料成功发射一枚近程弹道导弹。
1960年11月4日,成功发射了我国自己研制的第一枚地地导弹。
1966年10月27日,在我国本土上首次成功发射了一枚导弹核武器。
1970年4月24日,成功发射了我国第一颗"东方红"人造地球卫星。
1975年11月26日,成功发射了我国第一颗返回式科学实验卫星。
1980年5月18日,首次成功地向南太平洋实施了远程运载火箭发射。
1981年9月20日,成功地完成了一箭3星发射。
1987年8月,首次成功地为国外公司提供卫星发射搭载服务。
1999年12月20日,发射成功"神舟"一号飞船。
2001年1月10日,发射成功"神舟"二号飞船。
2002年3月25日,发射成功"神舟"三号飞船。

载人航天测控通信网

如果把航天器比作天空中翱翔的风筝,那测控通信系统就是放风筝人手中牵着风筝的那根线。航天器发射升空后,测控通信系统是对航天器运行状态进行监视和控制的唯一途径,它把航天器与地面的科技人员紧紧地连在了一起。

测控通信系统基本任务是确定航天器在空间的飞行位置,通过接收航天器的遥测数据了解航天器及航天员的状态,通过遥控对航天器下一步的飞行状态进行控制,同时为航天员与地面指挥人员提供话音和图像通信的手段。

测控通信系统由测控站、测量船、飞行控制中心、通信网组成。测控站、测量船主要完成对航天器的跟踪、位置和速度的测量及遥测数据的接收,向航天器发送控制命令;飞行控制中心是整个测控系统和航天任务的心脏,主要完成测控站、测量船获取的测量数据的处理,航天器工作状态的判断,对航天器飞行控制的决策和实施;通信网的任务是完成各测控站、测量船与飞行控制中心的信息交换,它把测控站、测量船、中心连成了一个有机的整体。

载人航天测控系统近20个测控站分布在我国东起青岛、西至喀什辽阔的国土上,为飞船和运载火箭提供坚实可靠的测控通信保障;由4艘测量船组成的测量船队是海上活动测控站,在三大洋披风斩浪,为飞船提供关键飞行过程的测控支持,并保证地面工程技术人员在飞船飞行的每一圈都能监视到它的工作状态。

我国的载人航天测控通信系统,集光学测量、雷达测量、遥测、遥控、数据传输、数据处理、计算机与显示等多个学科与专业为一体,除具备一般的跟踪、通信与控制功能外,还具有飞船与地面间的话音、电视图像和高速数据传输能力;我国载人航天测控系统中的骨干系统——S频段航天测控网在国内航天测控领域首次实现了网管中心对测控站的集中统一管理、测控站与飞控中心间测控信息的透明传输。

赵军（北京跟踪与通信技术研究所研究员、所长）：我国的载人航天测控通信系统,不仅可以支持我国的载人航天任务,而且可以对所有的中低轨道卫星,相应测控频段的地球同步卫星和运载火箭提供全方位的测控支持。它的综合功能和可扩展性都很强,代表了当今我国测控技术领域的最高水平,标志着我国航天测控技术进入了国际同类系统的先进行列。

载人航天测控通信系统强大的功能、先进的技术性能、自动化的操作管理方式,在"神舟"一、二、三号飞船试验任务中显示其巨大的威力。同时,载人航天工程的实施,成为我国航天测控技术发展史上的一个重要里程碑,对我国的航天测控技术产生了巨大的推动作用。

近看"神箭"

> **载人飞船**
>
> 能保障航天员在外层空间生活和工作以执行航天任务并返回地面的航天器。又称宇宙飞船。载人飞船可以独立进行航天活动,也可用做往返于地面和空间站之间的"渡船",还能与空间站或其他航天器对接后进行联合飞行。载人飞船容积较小,受到所载消耗性物质数量的限制,不具备再补给的能力,而且不能重复使用。

一、逃逸系统

2003年10月,世人的目光聚焦在中国酒泉卫星发射中心,随着载人飞船"神舟"五号发射日期的临近,航天员的安全成为热门话题。在中国首次载人飞船的发射中是如何保证航天员安全呢?

运载火箭担负着把载人飞船送到预定轨道的使命,由于这个护送者身上携带着大量燃料,一旦发生故障,它就有可能变成一枚巨型炸弹直接威胁航天员的安全。

担任"神舟"五号载人飞船运载任务的是"长2F"火箭。为了保证航天员安全,这枚神箭必须达到0.997的安全性指标。通俗地讲,就是在1 000次火箭故障中,至少有997次要保证航天员的安全。

"长征2号F"火箭总指挥黄春平:"由于这个安全性可靠性的要求,我们这一次为了宇航员的安全,在系统上增加了一个故障检查处理系统,也就是说火箭送到发射台上,从宇航员进舱开始,一直到进舱分离为止,火箭发生一些什么故障,我们必须要先自己自动地检测,自动地识别、鉴定诊断。"

故障检测处理系统像个全科医生,它掌握着310种火箭故障数据,这使它对火箭发射飞行中可能发生的各种故障了如指掌,它能即时发现故障并迅速发出逃逸指令,而航天员的安全将由另一个系统来保障。

黄春平:"要想保护宇航员必须要有一个逃逸系统。"

逃逸系统在早期载人航天活动中就已出现,20世纪60年代,美国的"阿波罗飞船"和苏联的"联盟T10号飞船"上都有这种系统。1983年苏联的一枚火箭在发射时爆炸,逃逸系统就曾成功地解救了航天员。

逃逸系统是"长2F"火箭研制中一大难关,此前技术人员只在国外的画报上见过它,他们仅用18个月的时间就完成了2~3年才能完成的工作,研制出我国自己的逃逸系统。这是零高度试验的场面,试验证明了逃逸系统的有效和可靠。

逃逸系统就像航天员的保镖,一旦出现危险,它能带航天员迅速远离危险区域,并安全着陆。在"长2F"火箭发射和飞行过程的不同阶段,都可以实施逃逸。

在火箭等待发射的阶段,如果出现燃料泄漏起火或箭体倾倒等意外情况时,逃逸塔上的发动机会提供强大的推力,使它携带飞船实施零高度逃逸。

在火箭起飞后120秒时间内、高度39千米以下,仍可以在逃逸塔的帮助下实施低空逃逸。

而当火箭发射120秒后会抛掉逃逸塔,此时帮助逃逸的任务交给整流罩上的高空逃逸发动机来完成。

故障自动检测处理系统和逃逸系统的应用,让航天员的太空之旅变得更加安全可靠。尽管这些系统的研制让航天科学家付出了极大的心血,但人们还是希望它们永远不必发挥作用。未来将有更多的中国航天员走向太空,这些安全系统将带给他们一路平安。

二、三垂技术

这是酒泉卫星发射中心火箭发射前最壮观的景象,大型移动发射平台正将身高近60米的"长2F"火箭运往发射塔,神箭傲然挺立直指苍穹,似乎在最后一次巡视它的领地。熟悉火箭发射流程的人会发现,这与以往的火箭发射完全不同。

运载火箭是高度精密和复杂的航天运载工具,同时它又十分娇嫩。当它经过长途运输来到发射场时,必须给它来个全面体检,一切正常才能发射。以往首先要在技术厂房对火箭分段检查,然后再运往发射塔总体安装。这时火箭由平躺变成直立状态,并连为一体,因此,要对它进行多次总检查,火箭往往要在露天环境下矗立十多天,这给检查安装带来很多不利影响。

在长2F火箭身上首次采用了一种全新的"三垂技术",就是对火箭进行垂直组装、垂直测试、垂直运输。

黄春平:为什么要这么做?关键就是我们在发射阵地测试出去以后,就不可能像技术阵地测试那么细。把它充分地测试,充分地暴露问题,这样到

发射阵地的时候宇航员进去以后,就非常放心了,这是一个最根本的好处。

三垂技术是目前世界一些航天国家采用的新技术。它的出现给火箭发射带来许多便利。在美国、欧洲空间局和日本的火箭发射场三垂技术都有应用。

根据实施三垂技术的需要,酒泉卫星发射中心建起了垂直总装测试厂房,火箭发射前的技术准备工作几乎都将在这里进行。

黄春平:"我们这个97米高的设施厂房环境状况非常好,是调温的,既然环境好,就可以保证我们的产品质量这个根本的因素。"

当"长2F"的各级火箭、神舟载人飞船和逃逸塔被运到发射场后,首先在各专门的检测厂房完成本系统的检测调试。在助推器和各级火箭组装调试完毕后,神舟飞船和火箭顶部的逃逸塔分别进入垂直测试总装厂房,在活动发射平台上组合成完整的火箭,然后进行航天员、火箭和飞船间的联合测试演练。

火箭在完成安装检查后,将要被垂直运往1.5千米外的发射塔,高达58.3米的火箭要在运动中维持平稳十分困难。于是专用的活动发射平台被制造出来,它是一个边长24米的方型平台,重达780吨。活动发射平台外貌粗犷,其实运动起来十分精细。它的起步停车缓慢平稳,行进时可以无极变速,并能调节水平度,这么大一个运动机械加上火箭近480吨的重量,却能够十分精确地进入火箭发射位置,误差不超过3毫米,让人惊叹!"长2F"火箭进入发射位置后进行瞄准和垂直度调整再经总检查和加注推进剂,两三天内就可以发射。

三垂技术使火箭发射的准备工作更加完善和可靠,并变得灵活机动,更重要的是它可以满足未来发射场大量连续发射火箭的需要,为我国火箭发射能力的提高拓展了空间。

三、火箭长征

14世纪末,一个叫万户的中国人曾试图用火箭升空,他被世界公认为航天始祖。尽管他的尝试没有成功,但他利用火箭升空的天才设想却给几百年后人类的航天探以启发。今天中国人终于用自己的火箭将载人飞船成功送上太空。

人类如何战胜地球引力去遨游太空? 1903年,俄国人齐奥尔科夫斯基设想把两个以上的火箭串在一起,组成一个多节火箭来提高火箭的速度。此后,世界航天技术的竞赛开始了。

苏联人在1957年首开先河,成功发射了世界上第一颗人造地球卫星。美国人紧追不舍。而此时在火箭的故乡中国,航天技术却处于落后状态。

世界航天技术竞争引起中国领导人的关注,20世纪60年代,毛泽东提出中国要搞卫星火箭,这个战略思想大大推动了中国运载火箭技术的研究。

1970年的春天对中国人来说不同寻常,中国第一枚运载火箭"长征一号"把中国第一颗卫星"东方红一号"送入太空,这在当时是轰动世界的航天事件。"长征一号"运载的东方红卫星的重量超过了此前俄、美、日、法四国卫星的重量总和,让这些捷足先登者刮目相看。而"长征"火箭由此开始声名远播。今天中国人自己研制的长征火箭家族已是人丁兴旺,出现了从"长征一号"到"长征四号"的4个系列、12个型号的运载火箭,使中国成为世界上少数几个能独立研制和发射卫星的国家。

在长征家族中有几位干将颇引人注目:

"长2丙"是世界上低轨道运载能力最大的火箭之一,以成功发射澳大利亚卫星闻名,它使我国低轨道运载能力提高到9.2吨。被称为大力神的"长二丙"发射次数最多,成功率最高,几乎达到百分之百,故称为"长胜将军"。

"长征三号",主要发射高轨道卫星。它采用了只有少数国家掌握的液氢液氧发动机技术,是我国最早进入商业发射市场的火箭。它体态优美,被称为长征火箭系列中的美男子。

"长征三号"系列中的"长三乙"是高轨道运载能力最大的火箭,能把5吨重的卫星送上赤道上空36 000千米的地球同步轨道,被称为"举重冠军"。

经过几十年的发展,今天的"长征"火箭已经跻身世界火箭技术先进行列。运载范围覆盖了所有轨道,运载能力可以满足国内外发射各种卫星的需要。

吴燕生(中国运载火箭技术研究院院长):航天技术是一个国家一个综合国力的表现,一个国家没有经济实力,没有非常稳定的政治环境,就不可能搞载人,不可能搞航天,更不可能搞载人航天。

载人航天一直是中国航天科学家坚定不移的目标。1999年"长征"家族的新巨人"长2F"火箭进行了首次发射,在长征家族中它最重最高,也最安全可靠。它专为载人航天而研制,肩负着将中国人送上太空的使命。

这是一个永载史册的时刻,这是一段辉煌的历史瞬间。"神舟"五号载人飞船的成功发射为中国的航天事业打开一片崭新的空间,它让中国人站得更高看得更远。

四、安全之旅

2003年10月15日9时,"长2F"火箭以雷霆万钧之势将中国第一艘载人飞船"神舟"五号推入预定轨道，这次载人飞船的发射是对火箭可靠性的极大考验。"长2F"火箭在飞行过程中一切正常，圆满地完成了预定任务，它的可靠性也再一次得到了证明。

作为"神舟"五号的运送者，"长2F"火箭对本次载人航天活动有着至关重要的影响，它的可靠性决定载人航天的成败。

火箭是十分特殊的运载工具，汽车、火车出了问题可以停下来检查，飞机出了故障也可以降落维修，而火箭却是开弓没有回头箭，不可能让它再回到地面来检修。因此，为了保证发射成功，它要具备高度的可靠性。而运载载人飞船的火箭又必须比一般火箭的可靠性更高，所以，在"长2F"火箭的设计中，制定了一个高可靠性的明确标准——0.97。

"长征2号F"火箭总设计师刘竹生：" 这个0.97就是说，如果发射100发火箭，那么可能没有完成任务的就只有3发，但是这3发里头并不一定都是出事的。"

虽然只比一般火箭的可靠性高出几个百分点，但要达到这一目标却像在体育竞赛中打破世界纪录一样困难。

元器件是火箭的细胞，细胞有问题身体就要生病。据统计，单个不合格元器件引起的火箭事故占欧洲火箭事故的85%。火箭在发射和飞行时的高温、高压、强震动；加速时的巨大失重、进入轨道后的真空和辐射等复杂恶劣环境，对元器件和材料质量提出了苛刻的要求。因此，"长2F"火箭身上的所有元器件和设备都以高标准生产，并经受极其严格的检验。

在生活中，人们都有这样的经验，一台机器越复杂它出故障的机会就越多。火箭是高度复杂的系统，往往由几十万甚至更多的部件组成，要提高它的可靠性十分困难。于是，航天科技人员在火箭身上应用了一种冗余技术。

冗余技术能够有效地提高航天器的可靠性，它通过为火箭的一些系统配置一套或多套备份系统，并在它们间建立一定的故障判别规则，由此来保障系统的正常运行。

"长征2号F"火箭副总设计师孙凝生：比如一个设备为主，一个实施控制作用，主设备一旦出了故障，马上就显示它出问题了，把另外一个好的替换上去，继续承担控制任务……这样就可以保证这枚火箭比较可靠地飞行。

"人命关天"是"神舟"五号载人飞船发射中，对全体航天科技人员最大的警策，他们以高度严谨和科学的态度锻造出一枚高质量、高可靠、高安全的东方神箭，在她腾空而起的轰鸣中，中华民族千年的飞天梦想终于变成了现实。

蓝天之梦

一、飞上云天

在世界各民族的宗教和神话中，一种人类所不具备的能力被赋予了诸神，那就是——飞行。人类飞翔的梦想源于振翅高飞的鸟。达·芬奇通过对鸟类的长期观察，设计了模仿鸟类翅膀运动的扑翼机。据说，他的一个助手曾经用它试验飞行，结果……300年后，德国工程师李林达尔设计的扑翼机也没让人像鸟一样飞翔，但他却从中发现了滑翔机飞行的奥秘。

现在我们知道，鸟的飞行需要强健的肌肉、高效的心脏和轻巧的骨架。与鸟类相比，人在这些方面的机能远远无法胜任飞行的要求。比如，鹰的心脏占体重的8%左右，而人的这个比例仅为0.5%。因此人类即使插上双翼，也很难飞上云天。

小型无人飞行器升空比载人飞行器上天要简单得多，现在，人们仍然乐此不疲。中国人的祖先什么时候发明了风筝史书上没有确切记载，但从它的名称上看古人已经很清楚风在飞行中的作用，但从它最初的名字"纸鸢"上我们可以知道，古人把风筝看作会飞的纸做的鸟。

会飞的"孔明灯"是中国古代的发明，法国人蒙哥尔费兄弟从中受到启发，开始研究热气球。1783年的一个秋天，蒙哥尔费兄弟的热气球载人缓缓升空，之后又安全着陆。这是轻于空气的载人飞行器首次成功施放，从此气球开始盛行。

人们把热气球送上了天，却不能使它避免风的摆布。控制气流和提高速度的尝试收效甚微，这是轻于空气的飞行器面临的一大难题。19世纪50年代，蒸汽机的加盟为飞

> **微型无人飞行器**
>
> 关键之一是机载设备微型化，包括作动器、电机、摄像和其他有关部件。
>
> 关键之二是微型动力，既能装在微型飞行器内，又能储备足够的能量，除维持飞行器的飞行外，还能对机载设备提供能源。
>
> 关键之三是气动设计。
>
> 关键之四是自动控制系统。因为这种飞行器与无线电遥控飞机模型完全不同，需要能自主飞行。
>
> 关键之五是用于数据传送的电源。因为飞机动力设备可以设法微型化，但作为传送某一带宽的摄影图像的电源却很难缩小。

行器带来了功率强大的机械动力,飞行的可控性大大增加了。1852年9月,一艘飞艇从巴黎起飞,它以蒸汽机带动螺旋桨推进器创造了可操纵飞艇的首次飞行。之后电动机和内燃机的出现,再一次推动了飞艇技术的发展;第一次世界大战后飞艇进入了全盛时代。然而一系列飞行事故却使得飞艇家族带着昔日的荣光,走向没落,渐渐地被飞机所取代。

"竹蜻蜓"是我国古老的玩具之一,今天仍是孩子们认识飞行的"启蒙教练",追溯起来,它可以被看做是重于空气的机械飞行器的起点。被誉为"航空之父"的英国人乔治·凯利一辈子都对竹蜻蜓着迷。他的第一项航空研究就是在1796年仿制和改造了"竹蜻蜓",并由此悟出螺旋桨的一些工作原理。他的研究推动了飞机研制的进程。

1903年12月17日,莱特兄弟设计制造的"飞行者"1号飞机终于起飞了,它是人类历史上有动力、载人、持续、稳定和可操纵的重于空气的飞行器第一次成功飞行,正是这样一次飞行,让人类迈入了航空史上的新纪元。

为了这一天的到来,人类历经漫长等待,更有无数的先驱为之付出生命的代价……借助探索者铺就的长长跑道,我们终于融入了蓝天的怀抱。

二、飞天异彩

蒲公英的种子随风飘向四方,鸟儿张开双翅,自由飞翔,大自然丰富了人类的想象,为飞行器的设计提供了绝好的样板。

热气球是浮力原理不折不扣的奉行者。燃烧器改变球囊内气体的密度来控制它的升降。这种比飞机更年长的飞行器至今仍然活跃在飞行训练、气象试验和航空摄影等领域。乘热气球环球旅行对冒险家们是个不小的诱惑。

飞艇是人类第一种有动力可操纵的飞行器。尽管艇身下的吊舱安装了螺旋桨发动机为飞艇提供机械动力,但它却与热气球一脉相承。它依靠充满氢气或氦气的大气囊产生的浮力升空。曾一度在天空销声匿迹的飞艇,今天又开始在电视转播、运输等各种领域发挥作用。

固定翼飞机的上升要靠空气的托举,空气在机翼上下表面流速不同产生的压力差是它升力的来源。速度越快升力越大,当升力大于重力,飞机就会上升。而它避免坠落的秘诀在于维持飞行所需的速度,否则,就会带来机毁人亡的悲剧。

说到飞行方式,不能不提自由起降的直升机。它通过旋翼的旋转运动,切割空气产生升力。旋翼可以产生使直升机向任意方向运动的力,改变飞机的姿态,从而使飞机能够垂直升、降、进、退、左、右、侧飞以及悬停等。所以旋翼不但起到飞机机翼和螺旋桨的作用,而且起到了副翼、升降舵的作用。

像气球一样安静,像飞机一样飞行,滑翔机独具一格,上升气流的托举让它的空中动作轻柔流畅。超长的翅膀为它的滑翔获得足够的升力。驾驶者凭借熟练技巧和对气流的合理利用来操纵它。没有了机械噪音,滑翔机的优美身姿与大自然融为一体。

这种飞机具备了直升机和固定翼飞机的双重特征。让人看来着实新鲜。这就是V-22倾转旋翼机。这种飞行器在起飞时,两个发动机上的旋翼像直升机一样是垂直的,但当它起飞后,垂直的旋翼会向前旋转变成普通飞机的螺旋桨。这个前人没有尝试过的创新打破了直升机和普通飞机原理上的界限,也将V-22飞行器的速度提高到每小时500千米,航程达到3 000千米。

在飞机世界中,还有很多特殊功能的飞机。比如水上飞机,它就是为了适应江河湖泊的特殊地理环境而发明的。人们在机身下部装有浮筒,这样飞机就可以自由地在水上起飞和降落。今天,有的水上飞机机身设计成了船形,发动机装到了机身上部,使它再不会受到水上风浪的影响,从而更好地为人类服务。

在人们的印象中飞机总是高入云端,而这种奇特的飞行器在离地面约几米或几十米的低空飞行,被称做地面效应飞行器。机体运动与地面之间产生的气垫效应使它"不翼而飞"。在百年航空史中有很多伟大的飞行器,它们印证了人类无数神奇的想象,不知道明天又会有什么新的飞行器破壳而出,但我们知道蓝天永远在等待着我们。

三、挑战速度

热气球带来随风飘荡的轻松,飞艇满载自在悠闲的情趣,而飞机则让人获得风驰电掣的快感,速度——使飞行充满魅力。

一台四缸水冷活塞式发动机让人类的飞行梦获得了起飞的速度,那时人们感兴趣的是飞机能否挣脱地球的引力。双翼机、三翼机的设计是为了获得更大的升力。

很快人们的兴趣转向速度。1909年,一个飞行竞赛在法国设立,一架双翼机以每小时74千米的速度夺得第一。这一地位不久就被单翼机取代,风洞实验向人们证明,双翼机的设计不利于速度的提高。人们认识到,动力和外型都会影响速度。

在第一次世界大战中,飞机速度有了惊人的提高, 1914年飞机速度的最高记录为165千米/时,战争结束时,这一速度已经提高到560千米/时。飞机外形也向流线形发展。当二战开始时,双翼机为速度更高的单翼机让出了天空。二战中速度最快的飞机是美国制造的P-51野马战斗机,它的最高时度超过了700千米,在这一速度上活塞式发动机已经显得力不从心,速度的提升有待新动力出现。

二战后期,德国制造了第一架喷气战斗机HE-163,在燃料火箭发动机强大的推动下,它以900千米/时的速度呼啸而来,让其他飞机望尘莫及。

新动力让飞机有能力与声音展开赛跑。此时人们却遇到了一个看不见的障碍。当飞机接近音速时,如同碰到一堵墙壁,速度急剧下降,机身剧烈抖动,飞机仿佛脱缰的野马一样无法控制,这就是——音障。

在机头加装了长针的试验机将去刺穿那无形的屏障,同时后掠机翼的设计将减小飞机在音速时的阻力,成功与否有待飞行实验去验证。1947年10月14日,B-29将试验机X-1送上7 600米高空,美国试飞员耶格尔驾驶着试验机X-1在强烈的震颤中成功超越了音速,开启了超音速时代的大门。

音障的突破导致众多超音速飞机诞生,如美国在1954年推出的超佩刀F-100时速可达1 200千米、苏联的米格-21、米格-23等。1959年,美国研制了著名的RS-71黑鸟战略侦察机,它的飞行速度达到3.2倍音速,至今还是最快的军用飞机之一。它还是第一架突破热障的飞机。热障是由于飞机以2倍音速飞行时,飞机外壳与空气强烈摩擦导致温度急剧升高而产生的现象。它会降低金属结构强度,毁坏机内仪表和零件,使飞行员无法忍受。而黑鸟以它特殊的设计,保证了在超音速飞行中的安全。

军用飞机的超音速飞行让老百姓无缘见识,协和客机则使普通人有机会亲身体验超音速飞行的乐趣。协和飞机能以两倍音速飞行,它划过长空的飘逸姿态足以使人们终生难忘,也许不久的将来我们都能乘坐这样的飞机去体验速度之美。

三、我欲高飞

地平线呈现出优美的弧形,这不是从宇宙飞船上回望我们的家园,而是在距地面2万多米的飞机上俯瞰大地。这壮美的景象是高度带给飞行者的享受。

人们探访高空的热情因飞机的出现而显得越发急切。飞机的飞行高度记录被不断刷新。飞行员发现飞得高能躲避来自地面和空中的双重攻击,并在空战中占据优势。于是,各国飞机设计师竞相在飞行高度上大做文章。

以活塞式发动机为动力前进的螺旋桨飞机在空气稀薄的高空显得力不从心,只能无奈地回归大地,任喷气引擎飞机去远天遨翔。

喷气发动机以它强劲的推力把人们带入航空新时代,同时也引发了各国在飞行高度上的竞争,它成为航空技术水平的新展示,激烈的较量在当时的美俄两个大国间展开。

飞行高度的竞赛是航空大国的较量,而暗地里另一种竞赛也同样激烈。1955年,美国秘密研制出高空战略侦察机U-2。它的飞行时速仅为700千米,可它的飞行高度却超过23 000米,让升限大多只有18 000米的同时代战斗机望洋兴叹。它可以悠闲地从敌方的头顶飞过而不必担心受到攻击,堪称高空飞行的典范。然而它还是在1960年在莫斯科上空被击落,高度的优势总有消失的一天。

为了对付来自高空的威胁,苏联推出了绰号"狐蝠"的米格-25歼击机。它的飞行高度达到24 000米,速度接近3倍音速,让西方大为震惊。看来高度之争没有永远的赢家。云海遨游带给人的不仅是"会当凌绝顶,一览众山小"的宽阔眼界和坦荡胸怀,它还是对飞行员体能极限的极大挑战。

1862年的一天,英国的一位气象学家和助手乘热气球向高空进发,一直升到9 100米的高空,毫无防范的人们险些丧命。

早期的飞机飞得不高,座舱是敞开式的,可随着高度的增加,高空低温缺氧的环境让人无法承受,于是飞机采用密封座舱,增加加压系统和氧气系统。从此以后,飞机的升限被连续打破。

当飞机飞上了万米高空后,人们发现从8 000米到12 000米的高度气流平稳,油耗明显降低,非常适合飞行。今天,民航客机大多选择在万米左右的高度飞行。

借助飞行器人类到达了前所未有的高度。在那里,人们不但获得了观察世界和认识自身的全新视角,而且高度本身也成为人类探索精神的无限延伸。

四、翩翩飞翼

鹰击长空,鹤舞云海,翅膀凸显了鸟类飞翔姿态的万千变化,而机翼的演变则让人们认识了飞行的无穷奥妙。

平直翼体现了人们对机翼升力的最初认识:即较大的机翼带来较大的升力。早期飞机速度不高,平直翼足以满足升空的要求,20世纪50年代之前是它的黄金时代,梯形平直机翼几乎一统天下。论个头,平直翼堪称机翼里的恐龙,但它比恐龙的命运好得多,直到今天平直翼飞机仍然不时出现,点缀着苍茫的天空。字幕平直翼飞机代表机型二战中出名的飞机如美国的P-51、苏联的杜-2、日本的零式战斗机等都是梯形平直机翼。

超音速飞机呼啸而来打破了平直翼独领风骚的局面。20世纪40年代末，美国F-86战斗机、苏联米格-15战斗机等超音速飞机的翅膀足以让人眼前一亮，它的形状与燕子的翅膀如出一辙，人们称之为后掠机翼。它能有效地缓和飞机接近音速时的不稳定现象，而飞行阻力大的平直翼已经跟不上人们赶超音速的脚步，后掠机翼成为超音速飞机重要的外观标志。

后掠机翼带来的飞行速度的提高，是以牺牲部分升力为代价的。它使得飞机起降时需要更长的跑道，这对飞机的起飞、着陆和巡航都产生了不利的影响。于是一种可以根据飞行速度大小来改变后掠角、快慢兼顾的折中方案出现了，它就是可变后掠机翼（F-111）。可变后掠机翼飞机在起降和巡航时，机翼处于平直位置，为快速起飞提供足够升力；高速飞行时，机翼变为后斜式，减少飞行阻力。1967年F-111开始装备使用，它是正在服役中的性能最好的战机之一。

飞得更高、更快的设计理念使三角机翼应运而生。20世纪五六十年代，人们把后掠机翼和平直机翼结合起来，设计出三角机翼。两只三角机翼的连接正好是一个等腰三角形。协和飞机的S形三角翼如同协和飞机本身一样是航空设计的杰作，法国"幻影"系列飞机、美国的RS-71战略侦察机等也采用了三角机翼。20世纪60年代三角机翼风靡一时。

这架飞机你能分清它的机翼和机身吗（B-2隐形轰炸机）？人们形象地称它为"黑蝙蝠"。B-2隐形轰炸机于1989年7月试飞，它首次亮相就以独特的外形令世人瞩目。机翼机身一体化，大大降低了飞行阻力、提高了升力。飞机还获得了更大的内部空间，使载油量增加，续航能力增强。

这架飞机的机翼好像装反了。这是俄罗斯于1997年试飞的新式隐形战斗机S—37。它奇怪的机翼被称为前掠机翼。与后掠机翼飞机相比，前掠机翼飞机在阻力、升力、起降距离、重量上都占据很大优势。它将是下一代高速飞机的重要形式。

近百年来，飞机翅膀的变化展现了人类无穷的创造力和永不枯竭的探索精神。简约有力、更具创意的机翼正在设计师们的大脑中腾飞，总有一天，那些凌空翱翔的银色翅膀将把我们托举得更高更远。

五、飞天畅想曲

飞机的发明让人类得以遨游天际。当人们已经习惯于乘飞机起起落落时,无人飞机的热潮悄然来临。作为今年巴黎航展的一个热点,无人飞机正在引发人们新奇的飞天畅想。

无人飞机可以说是会飞的机器人。它们被制造出来是为了去完成那些我们难以胜任的工作,今天它们的身影正渐渐被人们熟悉

在今年的一场局部战争中,一个新面孔出现在军用飞机的阵容里,这就是"掠食者"无人侦察机,这个名字吓人的家伙却拥有蚂蚁的相貌。它的起飞只需一名士兵操纵。"掠食者"的眼睛是一个高倍摄像头,可以眼观八方,收集到的情报通过卫星传回。必要时它还可以携带导弹去攻击敌人。

与"掠食者"相比"全球鹰"可是个大家伙。不光个头大,本事也不小。仅凭一个引擎"全球鹰"就可以连续42小时不加油,飞行5 000海里,升上20 000米高空,对目标进行大面积远程侦察。它的续航能力让世界上最大的客机也自愧不如。通过计算机就可以驾驭全球鹰,只需轻点鼠标这只鹰就会起程去完成它的使命。

德国海军正在研制一种小型无人飞行器。这是一种共轴双旋翼的无人直升机。它的诞生是为了以较小的代价避免人员和飞机的损失。虽然它在空中只能停留半小时左右,却能为战舰侦察水平线以上的情报。它有先进的激光探测器,一旦发现敌舰,无人直升机将为自己的军舰锁定目标,并引导导弹消灭敌舰。

无人飞机的应用涉及很多领域,这是中国气象科学家研制的一种微型高空探测无人飞机,这个有点像航模的小飞机可不能小看。它的翼展只有3米,自重只有12千克。它可以在GPS的引导下飞行,到达5 000米高度,飞行半径两三百千米,它搜集的地表和大气的状况,为科学研究提供有价值的情报,可完成多种探测作业,还可在农业,生态环境监测等领域一显身手。

这架飞机的长相有点离谱,甚至在千奇百怪的飞机家族中也够怪的了。整个飞机除了"一"字型伸展开的机翼外,几乎空无一物,让人担心它被风吹跑,其实这是为了减少重量和飞行阻力。它的机翼长度超过了波音737,上面覆盖的太阳能电池板为它提供不竭的动力。而将它送上2万多米高空只需4个吹风机的能量。与那些追求速度的飞机不同,它是个慢性子,能一连数周不厌其烦地在天空中漫游,换了人上去恐怕耐不住这个寂寞。

无人飞机为人们的设计打开了更加广阔的空间,一些大胆新奇的想象将会变为现实。也许在下一个航空百年来到的时候,一只鹰会降落在人们的面前说"我是一架飞机"。请相信,它的设想就始于今天。

六、高天任扶摇

即使是飞机的发明者也无法想象,在今天的地球上,机场星罗棋布,飞机往来穿梭,民用航空让大众高翔天际周游四方的梦想轻松实现。

在飞机诞生8年后的1911年,一位颇具冒险精神的女士接受邀请,搭乘一架运货飞机前往几千米外的城镇,不经意间民用航空由此诞生了。

莱特兄弟最初研制的飞机上没有设计座椅,这会让今天坐惯了飞机上宽敞舒适座椅的人难以想象。而空中小姐细致体贴的服务更是现代人乘坐飞机时的一大享受。1930年5月,一位漂亮的护士出现在波音80客机上,她微笑着为沙发椅上的旅客们送上咖啡,从此"空姐"与民航飞行联系起来;"以人为本"的精神也融入了民用航空的服务理念中。

其实飞机的首次大规模使用是在战场上,这让它背上了杀人机器的恶名。另一方面,战场也成为飞机性能的试验场,为了在高空搏杀中取得优势,飞机被不断地改进,民用飞机的发展从中受益非浅。1933年波音247试飞成功,全金属的结构、流线外形、可以收放的起落架以及每小时248千米的巡航速度,在当时都让人们耳目一新,可以说,波音247是第一架真正意义的现代客机。

二战的硝烟散尽后,"人性化"成为客机设计的最高目标。曾经在广岛、长崎投下原子弹的B-29大型轰炸机摇身一变,成为当时最为豪华的波音377"同温层巡航者"旅行客机。它拥有宽敞、舒适的座舱,可以向后斜靠的座椅,带鸡尾酒廊的休息室,甚至还开设了所谓的"蜜月间"。这一时期,"一切以旅客为中心"的努力,让民用航空的面貌焕然一新。

在民航的发展过程中,不断推出的新机型使人们体验到乘飞机旅行的舒适和快乐,而制造体积更大、续航能力更强的飞机则一直是设计者们追求的目标。当今世界最大的客机——波音747正是在这种信念的推动下问世的。为了生产这种最大的飞机,人们先要建设一座有40个足球场那么大的厂房。1985年,波音747—400就诞生在这样的厂房里。这个"空中巨无霸"有5层楼高,所携带的燃料可供一辆每年行驶1.6万千米的普通运输汽车使用70年,搭乘412名旅客在万米高空可以续航13 500千米。然而它世界第一的地位即将被取代。这是出现在今年巴黎航展中的空中客车A380模型,它吸引了世界各大航空公司的目光。7层楼的高度、20辆双层公共汽车的停放空间、555人的载客量和14 800千米的最大航程都将使它在未来的客机家族中独树一帜。而加宽的座椅、酒吧、阅览室、女性美容间,更让A380客机的乘客如同住进了五星级酒店。更快的速度和较小的噪音,将使它更受人们的青睐。

19世纪的法国科幻作家儒勒·凡尔纳曾在他的书中虚构了80天环球旅行的故事,今天,民航客机沿赤道环绕地球一圈只需2~3天,环球航行不再是地球人难以企及的梦想,在飞机腾空而起的轰鸣中,广袤的地球真的变成了一个小小的村落。

七、战神之鹰

2003年3月20日伊拉克战争爆发,这场发生在21世纪的现代战争以美英联军对伊拉克的空中打击开始,一时间中东地区上空成为各式军用飞机的竞技表演场,而这离飞机的诞生恰好100年。

和许多先进技术一样,飞机一出世就吸引了军方的目光,空中侦察成为军用飞机最早的使命。当时的人还没意识到,这种在阵地上空盘旋的新玩意儿会成为日后令人生畏的杀人机器。更不会想到它会迅速赶上历史悠久的陆军和海军,一跃成为决定战争胜负的关键因素之一。

今天看来,最初的空战原始得近乎儿戏,各种枪支甚至军刀等武器都被搬上飞机,在你来我往的拼杀中,战斗机诞生了。

一战中,军用飞机迅速发展,不仅日后主要的军用机种如歼击机、强击机、轰炸机、运输机先后出现,更重要的是产生了一个对未来战争影响深远的作战思想——夺取制空权,它从此成为现代战争交响曲不变的主旋律。

一战中,军用飞机还是个配角儿,二战来临时它已经当仁不让地成为战场上的主角儿。著名的不列颠之战、珍珠港战役成为了一场飞机表演的独角戏。成百上千架次飞机在交战上空展开鏖战,战机遮天蔽日,如过境之飞蝗,空中战争机器的杀伤力令人不寒而栗。

二战中,活塞式发动机飞机的潜力发挥到了极限,飞机性能的提高需要新的动力。1939年,世界上第一架涡轮喷气机He.178试飞成功,速度达到1 000千米/每小时,人类开始走向喷气时代。

硝烟散去的天空却没有平静下来.冷战带来军备竞赛的升温。20世纪50年代以来,军用飞机家族不断壮大,战斗机就先后出现了几代机型。它们的飞行速度、飞行高度、机动性不断提升,加上配备先进的航空电子设备,作战能力大大增强,而各国之间在新型战斗机研制方面更是紧追不放。

现代高新技术给飞机性能带来质的变化。各种隐形飞机上大量运用复合材料,金属部件表面覆盖了吸波涂料,加上机身的光滑曲面大大弱化了雷达探测波,使它可以深入敌境不被察觉。高度和速度变化让侦察机轻松躲过敌方的攻击,使它的活动范围扩展到更广阔的空域。

各机种配合作战使现代战争呈现立体化的态势,谁把握了制空权谁就有可能赢得最后的胜利。在未来战争中,空军是一支不可缺少的力量。

第一次世界大战被当时的人们乐观地称为"结束一切战争的战争",然而,它不但没有带来和平,反而孵化了更强大的杀戮工具——军用飞机。经过历次战争的洗礼,军用飞机已经成为现代文明中尖端科技的集大成者,用它来毁灭人类还是捍卫和平,需要我们作出明智的抉择。

八、忧伤的神话

它是人们心目中的美丽大鸟,是追赶时间的机器,是当今世界唯一的超音速客机。2003年11月1日,它将走入历史,却给世人留下了一段忧伤的神话。2003年11月1日英航的世界最后7架运营的协和客机走入博物馆。

1969年春天,法国试飞员安得烈·图卡驾驶"协和"一号直冲云天,用29分钟的飞行掀开了民用航空史上最具神话色彩的一页。协和式飞机首次试飞的速度是每小时460千米,而它的真正速度却可以达到音速的2倍——每小时2 200千米。

从协和飞机第一次出现在人们面前开始,它的完美外形就不断赢得人们由衷的赞叹,它的设计水平远远超越了它的时代,至今仍被称为飞机设计史上最伟大的杰作。鸟喙般细长的机头、弧形的三角翼和流线型的机身是力与美的完美融合,也为超音速飞翔打开了广阔的天空。三角形涡升力机翼使它能够以比较小的作用面获得很大的升力,成为超音速飞机设计的典范。细长的尖嘴和苗条的机身最大限度地减少了超音速飞行时的阻力,独具特色的可升降式机头,使飞行员在飞机滑行、起飞和降落时拥有极好的视野。

尽管当时连袖珍计算器都没有普及,协和飞机的电子设备却已先进到能完全按照地面的程序和指令,在无人驾驶的情况下自动起降,而纵向设计的油箱使它能更适应飞行时所需的极高的加速度。最核心的技术是安装在两翼下的四台"会呼吸"的涡轮喷气式发动机,在高空中它可以吸进氧气让燃料充分燃烧,用无比强大的动力赋予协和大鸟2倍于音速的飞翔能力,并将它托上15 000米的高空。

飞行时,它机舱顶部的这个显示当前飞行速度是音速的1.99/2.0倍,将时刻提醒着乘客去体验超音速飞行的奇妙感觉。这只大鸟从巴黎飞到纽约只需3小时45分钟,而普通飞机却要8个小时。"比太阳更快的飞机"、"追赶时间的机器"是协和飞机最常用的广告词。

但伴随着协和的并不都是溢美之词,对它的指责来源于它与生俱来的、无法超越的局限,那就是脱离民航需要。起降时的巨大噪音和气流,使大多数国家拒之于千里之外,它只能进行越洋飞行。而惊人的耗油量更使它的运营成本居高不下。由于机场拥挤延迟起飞,协和大鸟曾经在开始飞翔前,就耗掉了1.7吨的燃料,许多航空公司都因此取消了的订货。1979年"协和"飞机被迫停产,天空中也只留下了20只"大鸟"的身影。

不幸的是,这些只是协和神话的忧伤序曲,2000年7月的空难,让安全飞行了25年的大鸟第一次品尝了停飞的伤感。一年后再次起飞的它还是常被安全方面的小问题困扰。另外,由于早已停产,它的维修只能靠飞机之间的"拆东墙补西墙"。而全球航空业目前的冷冬局面更为大鸟雪上加霜,乘客上座率一度跌到了20%。

一切似乎都早已预示着协和大鸟的忧伤命运,杰出的设计并不能挽留它离去的身影,只有技术与市场的真正融合,才能锻造出飞向成功的双翼。美丽的协和大鸟虽已淡出蓝天,未来的超音速客机却在不远处等候启航,人类的超速度旅程期待着下一次的起飞。

九、梦想与科学

这些年轻人正在做飞机,材料是纸与粘合剂。与100年前的梦想家一样,他们要努力让飞机飞得更远。这架纸飞机划过33米的距离成功打破了上一架飞机的记录,它将与历史上一些著名机型陈列在一起,向世人展示孩子们的创造力。

对于100年前的航空先驱者们来说,制造飞机既不是科学也不是工业,而是一种"艺术"和梦想。有的人曾制造出几十架外形古怪而又漂亮的飞机试验品,尽管它们从没离开过地面。

因为是执着的追梦人,所以,早期的飞机设计师还要身兼制造者和试飞员的角色。为了找到合适的发动机,莱特兄弟曾自己动手,把原本用于自行车生产的普通内燃机改造成汽油活塞发动机,完成了当时专业发动机制造厂都望而却步的工作。

法国人布雷里奥在双翼机盛行的时候热衷于单翼机的设计。为了减轻飞机的重量,布雷里奥的单翼机用白杨木作为主要结构,飞机的蒙皮竟然用牛皮纸加赛璐涂料制成。1909年7月25日，布雷奥驾驶它，在没有导航设备和保护的情况下，用了36分钟，实现了人类首次驾飞机飞越英吉利海峡的壮举。即使是今天的王牌飞行员，再次驾驶同样的飞机升空后，也不得不承认布雷里奥的飞行"确实是勇敢者的行动"。

战争将飞机变为毁灭生命的工具，也把欧洲第一架动力载人飞机的设计者桑托斯·杜蒙抛入绝望的谷底。1932年，他不忍继续目睹飞机用于杀戮，愤然结束了自己的生命。而设计世界第一架全金属客机的德国设计师胡果·容克，也因为坚持把飞机用于人类的航空运输业的主张与纳粹的政策格格不入，而毅然放弃了自己心醉的飞机研究工作。

战争毁灭了飞机设计者的美好梦想，却催生了强大的飞机制造业，二战期间一百多万架军用飞机的生产，让飞机真正成了工业品。飞机与人类科技进步紧紧联系在一起，成为真正高精尖技术的骄子。

今天，大型民航客机的设计和制造已经发生革命性变化，以往的飞机设计图纸消失了。比如，波音777上的几百万个零部件由2 200台相连的计算机进行设计运算，所有改动在三维电子模型和数控机床上同时进行，世界不同地区的工程师可以同时工作，经过计算机设计和测试的波音777不再是制造模型或原型机，而是可以直接投产的机型，创新技术已经成为现代飞机的灵魂。

　　一百年来，
　　我们挣脱了大地的束缚加入飞鸟的行列；
　　我们在与声音的赛跑中获得胜利，
　　我们能够比以往飞得更高更远；
　　在未来，飞行——这个人类矢志不移的理想，
　　仍将带我们跨越时光去追寻蓝天之梦。

明日飞行

100年前,这架飞机载着人类的梦想飞上了蓝天,一个世纪后的今天,飞机虽然已经能很容易地把好几百人从地球的一端运送到另一端,但是我们还不能坐着飞机去上班,不能像小鸟和飞虫一样随意地漫天飞舞,于是这些梦想就自然地出现在了等待揭晓的未来飞行器设计大赛中。

明日飞行设想一:坐飞机上下班

这绝对不是一种巧合,居然有这么多的参赛选手都把目光投向了能够垂直起降、小载重、小航程的家用飞行器,看来在很多人心中,明日的交通应该是这个样子。

不管这个梦想在理论上是否行得通,美国的一位发明家已经造出了这样的梦幻飞车。这辆飞车拥有8台旋转发动机、24个微处理器和两台电脑,马力强劲的发动机使它能垂直起降,并以每小时480千米的速度在空中飞行。驾驶完全由电脑控制,GPS全球定位系统会自动指引它该飞向何方,人们只需坐进去,在电脑中输入要去的地址,甚至只需语音提示一下,空中飞车就自动飞往目的地。现在它的造价还太高,但将来也许我们每个人都有机会打上一辆会飞的出租去上班。

但是许多交通专家并不看好梦幻飞车,他们认为只有几个人这样上下班也许可以,如果成百上千的人都这样在三维的立体空间中穿行,又没有基本的交通控制,会是怎样的场面?而确保这种交通的安全也许比制造出空中飞车要复杂得多。

明日飞行设想二:昆虫飞机

千百年来,昆虫的空中舞姿令科学家们着迷不已,正在

> **未来飞行博物馆**
> Future of Flight Museum,又名波音公司埃维里特未来飞行博物馆。展品有B-787梦幻飞机的舱段和展板,还有B-727的驾驶舱,B-737-100的机舱,装在B-777上的GE-90发动机和一些罗·罗(罗尔斯·罗伊斯)的发动机。

举行的未来飞行器设计大赛的作品中也少不了它们的表演。这个小飞机乍一看简直就是一只蜻蜓，设计者希望它拥有蜻蜓般的飞行技巧，并给它装上了微型的摄像机和红外线成像仪，未来战争中的侦察机也许就是这个样子。

形容蜻蜓这类绝妙小动物飞舞的动作，我们不必吝惜再用一次绝妙这个词，它们的翅膀不光会上下拍动，还不时地前后卷动，它们所产生的旋转升力，按等比例和飞机机翼上的升力相比，要大10倍。现在科学家们还不能制造出拥有这样灵活翅膀的飞机，只能造出会飞行的机器小飞虫。依靠许多复杂的机械装置来进行拍打和旋转的配合，它的"翅膀"每秒钟也只能够拍打150次。

其实确保蜻蜓等昆虫可以飞舞自如的精妙结构还有它们大名鼎鼎的复眼，复眼对视线内经过的物体非常敏感，随时帮它们判断在空中的位置和对周围环境的变化作出快速反应。现在科学家们又造出了一个有电子复眼的昆虫飞行器，它头部安装的这些摄像头，可以模拟昆虫复眼的视角采集周围各个角落的图像。飞行时，摄像机会把采集到的图像信息随时传回一个小传感器中，它便会根据来自每个角度的图像信息判断自己的位置，指挥飞行状态。现在它的飞行效果还无法和蜻蜓的舞姿相媲美。

蜻蜓这些小昆虫已经在天空中飞舞了300万年，它们绝妙的飞行技巧是自然的杰作。人类学会飞行虽然只有100年，但有大自然这样的好老师带路，我们明日的飞行之旅同样会自由欢畅。

模拟航天员

与一般航天活动相比，载人航天最显著的一个特点就是人参与整个太空飞行过程，航天员是载人航天飞行的核心。飞船在200千米到500千米的高空飞行，处于一个微重力、高真空和较强空间辐射的环境中，飞船坐舱必须能满足航天员基本的生活工作需求。

为确保载人飞行的成功，就要在无人飞船飞行试验阶段对飞船舱载医学监督系统、环境控制和生命保障系统进行充分考核。因此在"神舟"三号飞船上，科研人员携带了由我国自行研制的拟人载荷系统，也就是"模拟航天员"。

在国外早期太空试验中，人们对太空是否适合人生存还心存疑虑，所以大都利用灵长类动物做实验，当科学发展到今天，我们已无需证明这一点。况且由于人与动物的生理指标毕竟存在许多差别，无论从舱内环境还是仪器的操作，用动物做实验存在很大的局限性。

飞船拟人载荷系统就是在特殊的空间环境条件下模拟人体的相关功能，例如人体的耗氧、产热等各项生理指标，用来定量考核环境控制与生命保障系统、医学监督系统和飞船的相关系统的功能。

拟人载荷系统主要包括人体代谢模拟装置、拟人生理信号设备和形体假人。这些系统能够定量地模拟航天员的重要生理参数，以满足飞船载人飞行试验的需要。

人体代谢模拟装置分别安装在飞船的返回舱和轨道舱，它能模拟真人的耗氧速率和耗氧量，拟人生理信号设备能够生成心电、呼吸、体温以及血压等4类拟人生理信号；形体假人包括头、躯干、四肢等14个部分，每一部分

> **模拟人**
>
> 即拟人载荷系统，是在特殊的空间环境条件下模拟人体的相关功能，例如人体的耗氧、产热等各项生理指标，用来定量考核飞船的环境控制与生命保障系统、医学监督系统和飞船的相关系统的功能。它的成功研制为实现载人飞行提供了可靠保证。

的重量、形状与真人相似,并且整个假人的质心与真人也基本一致。

地面科研人员通过监测模拟航天员的心电、呼吸、体温等生理信息,来判断航天员的健康状况,从而对航天员进行医学监督和医学保障。

在环绕地球飞行过程中,"模拟航天员"还利用天地往返语音系统向地面传回清晰流畅的话音——神舟号正在遨游太空,我们正在祖国的上空,看到两条美丽的丝带,她们就是黄河、长江。

4月1日,"神舟"三号飞船在绕地球飞行108圈后,在内蒙古中部地区成功着陆,"模拟航天员"在遨游太空数百万千米后安然无恙。

专家在分析试验数据后指出,由"模拟航天员"提供的生理信号和代谢指标完全正常,进一步验证了这套系统完全能满足载人的医学要求,从对无人飞船的考核来说,在相当大的程度上把无人飞船变成了有人飞船。

太空神舟

任何空中可能发生的紧急情况都在地上搬演，让飞船各系统去经受种种考验，这是神舟飞船进军太空前的彩排，中国航天科学家在为航天员精心打造一艘太空之舟。

在中国的载人航天工程中，最引人注目的是"神舟"载人飞船。之所以选择载人飞船而不选择航天飞机，是因为飞船相对风险小，制造、发射和运行成本低，更适合中国国情。

作为世界上第三个实施载人航天计划的国家，我国研制的"神舟"载人飞船瞄准当今世界第三代载人飞船的技术水准，并要在一些关键技术上有所超越。这种指导思想催生了中国第一代载人航天器——"神舟"飞船。

目前，国外的载人飞船一般根据需要由返回舱、轨道舱、服务舱、对接舱、应急救生装置组成。"神舟"飞船三舱一段的结构具有中国特色，是目前世界上可利用空间最大的载人飞船。它由返回舱、轨道舱和推进舱和附加段组成。

轨道舱供航天员生活工作，这里配有生活物资和装置以及科学试验设备，可以对地观测。返回舱是飞船的控制中心，在出发和返回时，航天员都在返回舱里。推进舱主要为飞船提供动力。而飞船顶部的过渡段用于飞船之间和飞船与空间站的对接，是一个超前的设计。

其他国家的飞船，如俄罗斯的联盟号主要做低轨道载人飞行或为空间站输送航天员的工作，轨道舱在完成任务后抛弃。而"神舟"飞船最大的先进性是一船多用，飞船的轨道舱同时具有生活舱和留轨试验舱的功能，可以

> **神舟载人飞船**
>
> "神舟"载人飞船全长8.86米，最大处直径2.8米，总重量达到7790千克。从构型上来说，由轨道舱、返回舱和推进舱以及一个附加段组成。采用的是典型的"三舱一段"式结构。整个飞船按照功能还能分为13个不同的分系统。这13个分系统都是用它的功能来命名的，它们是：有效载荷、结构与机构、热控制、指导导航与控制、推进、电源、数据管理、测控与通信、环境控制与生命保障、乘员、仪表与照明和应急救生分系统。这些系统分别布置在这"三舱一段"式结构的神舟飞船中，相互分工合作，完成一次太空遨游。

在轨道上持续工作半年。

"神舟"飞船是否能达到设计的要求呢？1999年11月20日6时30分，酒泉卫星发射中心，我国第一艘航天实验飞船"神舟"一号由"长2F"火箭托举着腾空而起。实验飞船在绕地球飞行14圈后，准确着陆在内蒙古预定回收区。"神舟"一号的发射成功标志着我国载人航天技术的突破，给航天科学家极大的鼓舞，他们知道自己正在接近载人航天的目标。此后我国连续3次成功发射无人飞船，每一次都更接近载人航天的目标。

为了发射的成功，需要大量实验，仅一个返回舱投开伞实验就进行了几十次，为确保"神舟"五号发射成功奠定了基础。

返回舱落点的精度十分重要，对于载人飞船来说，如果偏离了预定降落地点，很有可能给航天员带来一定的危险。航天员杨利伟在完成航天飞行任务后乘"神舟"五号的返回舱安全降落在预定地点，降路点离理论落点只有4.8千米。这表明我国在控制落点精确度上已处于世界先进水平。

"神舟"五号载人飞船从完美的发射到准确的回收向世人充分展示了中国航天技术的实力。"神舟"五号载人飞船的发射成功标志着中国已经成为世界上第三个能用自己的技术将航天员送上太空并返回的国家。

飞向水星

这是一个神秘而孤独的星球，这里是一片冰火世界，这里的一次日出日落需要两年时间，在发现它5 000年后，人类终于向它派出了进行近距离探索的信使。

2004年8月3日，美国宇航局研制开发的"信使号"探测器，飞向距离太阳系九大行星中距离太阳最近的成员——水星。

大约5 000年前，人类就发现了水星，古罗马时期，人们就以在众神间传递信息的信使墨丘利来命名的。也许是因为天神墨丘利与水星间有着一个重要的相同点——它们都是"飞毛腿"。

在太阳系的九大行星中，水星是距离太阳最近的，公转轨道长度相对较短，它的公转速度更是极快，平均每秒48千米，使其他行星望尘莫及。这样，水星绕太阳公转一圈——也就是水星上的一年，仅相当于地球上的88天。但是由于水星的自转速度又极慢，所以，要在水星上看到一次完整的日升日落则大约需要176个地球日。因而在我们一般人看来，水星上就出现了"一天等于两年"的"怪现象"。也就是说，如果地球人到了水星上，那么他们一天之内就要过两次生日。

在太阳系的九大行星中，水星体积很小，但密度却很大。这主要是因为它的内部是一颗半径近2 000千米的巨大铁核，重量占水星总重量的60%，是地核重量的2倍。

除了令人惊奇的密度，水星上的日夜巨大温差也让人难以想象，能照射到太阳的一面温度通常能达到450℃。但是由于大气极其稀薄，无法保留住白天的热

> **信使号**
> 是美国国家航空航天局在2004年8月3日发射的探测卫星，为了研究水星的环境与特性，预计将在2011年进入水星轨道。信使号也是水手10号任务之后人类首次探测水星的计划。

量,所以夜晚的最低温度则在零下二百多度。

尽管人类发现水星已经有大约5 000年的历史,但它一半是火焰一半是寒冰的气候特征始终是人类对它进行深入了解的最大障碍,由于水星与太阳的距离过于接近,地球上的观测设备和太空中的哈勃望远镜等面对强烈阳光的照射,都难以对它进行直接观测,那么,信使号是如何克服这个障碍与水星亲密接触的呢?

这都是依靠这个非常先进的遮阳板的设计,它的主要材料是与航天飞机外表的防护瓦非常相似的陶瓷纤维织物。当遮阳板的温度达到一定高度时,它就会自动抬升起来,将下面的探测器主体保护在可以正常工作的的温度范围内。

在解决了高温和强光照射问题后,"信使号"其他各部分的工作前提也就得到了保证。除了表面的太阳能板、遮阳板和天线之外,"信使号"还带去了两只与众不同的大眼睛,除了把水星看个清清楚楚,还会带回一幅"水星全景图"。它的眼睛由一个广角和一个窄角摄像头构成,广角主要拍摄水星表面的不同岩石状地表结构,而窄角则用黑白图像记录下小范围的地表特征。

此外,这些探测设备还会探测水星的地质结构及其中蕴涵的各种金属元素、水星不同地区的磁场大小和方向变化和水星不同地域表面的海拔高度,以及对水星的大气层组成进行详细的分析和记录。

信使号的出发,是继金星、火星、木星、土星之后,地球上的人类正在推开九大行星中的第五位邻居的大门。

探月

月球，这个距离我们最近的天体，因为那里蕴含着丰富的资源，记录着地球早期的形成，一直吸引着地球上的人们不惜代价前去探访。

虽然早在34年前月球上就已经留下了人们的足迹，但是对于生活在地球上的人们来说，那里依然充满着神秘。

尽管人们从月球上带回来了很多标本，但是欧洲的科学家们却认为，这些标本几乎都是从月球的赤道附近或某一个特定的地点采集到的，并不能完整地体现月球上的所有物质的全貌。这就好像是外星人初次来到地球，他们只在撒哈拉沙漠和南极采集过样本，于是就简单地判断地球上只有沙子和冰，而事实上，这里还有很多生命、高山和海洋一样。

为了更深入地了解月球，欧洲太空中心将在这个月底发射欧洲的第一个绕月球轨道飞行的探测器。科学家们把这颗探月仪器叫做"SMART-1号"月球飞行探测器。与以前的太空飞行器不同，"SMART-1号"采用了新型的离子发动机。这种发动机使用的燃料来源于一种比空气重4倍多的惰性气体——氙。使用这种燃料的发动机，可以使探测器在飞行中不间断地加速，而燃烧效率也比以往的用化学燃料作能源的发动机要高出10倍以上。"SMART-1号"将携带各种探测设备，在6个月的时间里，全面地探测到月球表面的所有情况，并对月球表面进行精确绘图。

对于月球，恐怕没有哪个国家的人们能像中国人这样，对它寄予着复杂而浪漫的情感，登上月球，去看看传说中嫦娥仙子居住的地方，也是我国科学家长久以来的

> **中国探月卫星工程目标**
>
> 一是研制和发射中国第一颗探月卫星；二是初步掌握绕月探测基本技术；三是首次开展月球科学探测；四是初步构建月球探测航天工程系统；五是为月球探测后续工程积累经验。为此要突破月球探测卫星的关键技术；初步建立中国的深空探测工程大系统；验证有效载荷和数据解译等各项关键技术；初步建立中国深空探测技术研制体系；培养相应的人才队伍。

梦想。中国登月的嫦娥工程,也在2003年3月正式启动。

就在这个月初,我国第一颗月球探测卫星的路线也已经确定了下来。月球与地球的距离达到了38万多千米,几乎是我国以往发射卫星飞行距离的10倍。要想让探月卫星顺利地到达月球,除了克服距离远的困难外,还要让它冲破地球引力的阻碍,并成功地进入月球的引力轨道,因此必须给探月卫星设计出一条精确的路线来。

按照方案,卫星先被送入一个地球同步椭圆轨道,用24小时环绕这个轨道一圈后,通过加速再进入另一个更大的椭圆轨道,这个椭圆离地面的最远距离有12万千米,探月卫星用48小时环绕这个轨道一圈后,开始直接奔向月球。大概经过一百多个小时的飞行,快到月球时,依靠控制火箭的反向助推器减速,这个地球上的来客就将进入月球引力圈,成为一颗环月卫星。这颗卫星奔月时间总共需要8到9天。

到达了预定的轨道之后,探月卫星将围绕月球飞行1年,并将对月球的地质、土壤、环境和资源进行探测,并把数据利用信息通道实时地传送到地面上来。路线确定以后,我国的这颗探月卫星将在3年内乘坐"长征"三号甲火箭,载着中国人的梦想,奔向月球,而我国宇航员也将在20年内实现登陆月球的梦想。

我们不妨遥想,20年后的某一天,当中国人真正踏上传说中的广寒之地时,也许才算是完成了多年来我们和月亮的一次约会。

挑战太空

苏联宇航员加加林乘坐"东方一号"载人飞船冲入太空,用108分钟绕地球飞行一周后成功地返回地面,实现了人类几千年的飞天梦想,从此,人类航天的起点定格在1961年4月12日。

20年后,也是4月12日这一天,世界第一架航天飞机——美国"哥伦比亚号"航天飞机首次升空,历经54个半小时、绕地球36圈的太空遨游后,胜利返航的宇航员们受到了英雄般的欢迎。

20世纪中叶,伴随着第一颗人造地球卫星进入太空,人类迎来了辉煌的航天时代。16世纪的一天,据记载,一个名叫万户的中国人,在自己的坐椅上捆绑了47枚"火箭",准备飞向他心目中的"天宫",但是他遇到了现代太空人所说的故障……然而这却是人类最早的飞天实践。

20世纪60年代,人类依靠火箭和宇宙飞船真正地实现了太空之旅。宇宙飞船是在人造地球卫星的基础上发展起来的航天器,分载人飞船和载物飞船两类。从技术上讲,给返回式卫星加上环境控制系统和生命保障系统就构成了卫星式载人飞船。飞船自己没有动力系统,要借助火箭发射进入太空,经制动后以弹道式返回大气层,靠降落伞和缓冲装置来实现软着陆。俄罗斯的"联盟"载人飞船和我国的"神舟"载人飞船都属于新型现代飞船。

飞船一般只能运载3名宇航员和几吨货物,设计容量较小,飞行时空也较短,尤其是飞船只能使用一次,发射方式复杂,给人们自由往返太空带来局限。因此,研制可以反复使用的像飞机那样的载人航天器,就成为各国科学家追求的目标。最终,美国率先研制出了第一架航天

> **太空**
> 指地球大气层以外的宇宙空间,大气层空间以外的整个空间。太空物理学家将大气分为5层:对流层(海平面至10千米)、平流层(10~40千米)、中间层(40~80千米)、热成层(电离层,80~370千米)和外大气层(电离层,370千米以上)。地球上空的大气约有3/4在对流层内,97%在平流层以下,平流层的外缘是航空器依靠空气支持而飞行的最高限度。

飞机——"哥伦比亚号"。

"哥伦比亚号"航天飞机外形像一架大型三角翼飞机,机舱长18米,可同时运载3名机组人员和4名科学家。它依靠机尾的火箭发动机和助推火箭垂直起飞;进入太空后像飞船一样进行轨道运行,还能依靠机动发动机和姿态控制发动机变换轨道,调整姿态,实现与其他航天器的对接;返航时,它借助空气可滑行上万公里,然后在跑道上水平降落。巨大的航天飞机可以在太空释放和回收人造卫星,维修空间站和其他航天器,也能像飞船那样运送货物、进行科学实验,而且普通的健康人就能乘机进入太空。

42年来,已有30个国家的八百多人次的宇航员和科学家光顾太空。

捷列什科娃是世界第一位进入太空的女性;

列昂诺夫完成人类第一次太空行走;

王赣骏成为进入太空的第一位华裔宇航员。

航天飞机已成为20世纪人类最伟大的航天杰作,它让更多的人看到了飞翔太空的希望。

美国中学女教师麦考利夫带着她那太空教师的美好梦想,在1986年的1月28日登上了"挑战者"号航天飞机。在人们的一片欢呼声中,这个梦想的承载者腾空而起。然而,72秒钟后,人们的欢呼变成了惊叫,随着一声闷响,麦考利夫的梦想永远留在了奔向太空的途中。

"挑战者"号的失事是航天飞机带来的第一次航天灾难,也是人们第一次在电视直播中看到这样的灾难。

两年以后,经过对航天飞机的轨道器进行220处改进,对固体火箭推助器改进145处,并在101个重要部位安装了传感器后,美国才恢复了航天飞机的发射。

尽管这样,从一开始就困扰着"太空人"的航天飞机外层防热瓦脱落问题还依然存在。这样的防热瓦,航天飞机上共有三万四千多块,每次发射都有不同程度的脱落,存在着一定程度上的航天事故隐患。航天飞机的可靠性仍然无法做到100%,人们也执着地期盼着更经济、更安全的新一代航天器的出现。

1996年,美国开始研制新一代空天飞机来作为航天飞机的代替品。设计中的空天飞机发射费用只有现在航天飞机的1/10,每7天就可以起飞一次,地面操作人员不超过50个。由于它还在设计当中,我们只能借助于三维动画的模型让您目睹它的风采。

1. 同普通客机一样水平起飞；
2. 直接飞入太空；
3. 在地球轨道上自由运行，从环球低轨道上自行飞回地面；
4. 能在普通机场降落。

我们在170里的高空，"哥伦比亚号"航天飞机尽管还不是人类探索宇宙最理想的工具，但是，那些勇敢的人们依然无所畏惧地穿梭于天地之间。

15世纪，航海家哥伦布发现了美洲大陆，为了纪念这位勇敢的探索者，20世纪的美国人把寄予人类探索之梦的第一架航天飞机命名为"哥伦比亚号"，22年中，它27次成功地飞向遥远的太空，并把哈勃望远镜送上更高的轨道，在浩渺的太空中有了空前的发现。

在第28次飞行中，"哥伦比亚号"航天飞机却同哥伦布的旗船一样，消失在蔚蓝的探索中。

在"哥伦比亚号"烟尘未尽的第二天，俄罗斯"进步M—47"飞船开始了第100次太空之旅，为国际空间站送去货物、食品、科研设备和邮件……人类探索太空的脚步并未因此而有一刻的停留。

"哥伦比亚号"还原了一个人类的梦想，同时也给了人类一个征服太空的契机，人们将永远怀念它那挺拔的雄姿、傲然的风采。

小鹰500
—— 明日之星

> **家用飞机**
>
> 家用飞机,即一种家庭专用的飞机,一般以水上飞机和直升机为主。比一般飞机要小得多。目前,世界上已有许多国家开始使用。中国拥有广阔的市场前景,未来10年,中国的私人飞机保有量将由现在的不足100架上升至2 000架,中国也将成为全球私人飞机最广阔和最有潜力的市场。

一、飞上云天

2003年10月26日上午,石家庄市郊外训练机场,我国第一架适合家庭购买使用的多用途轻型飞机"小鹰500"将在这里首飞。然而天公不作美,跑道上空9秒米的横侧向风让在场的每一个人都为"小鹰500"能否成功飞上天空捏了一把汗。

阳光下"小鹰500"体态轻盈,就像一辆长了翅膀、插了尾翼的小汽车。机身只有一层普通楼房那么高,两只翅膀展开宽不到10米,可以在等级公路上起飞降落。"小鹰500"设计运载重量560千克,可搭乘4到5人;巡航高度3 000米,大约相当于新一代波音737客机飞行高度的1/4;经济巡航时速290千米,百千米油耗6到7升,最大航程1 640千米,加满油可以从北京飞到温州或从深圳飞到西安。

10点09分,地勤人员为"小鹰500"做了起飞前的最后检查,专家们正在讨论在这样的天气条件下是否要冒险试飞。

作为小型家用飞机,"小鹰500"可说是"鹰"出名门了。飞机设计出自中国航空第一飞机设计研究院,它曾以设计"飞豹"战机闻名遐迩;石家庄飞机工业有限公司负责制造,它拥有30年制造"运五"通用飞机的成熟经验。飞机设计全部采用了国际上通用的计算机数字设计,部分采用了计算机辅助工装和零件制造,提高了设计的准确程度,缩短了设计周期。与国际上通用轻型飞机的主流机型相比,"小鹰500"增加的空调系统和改进的

GPS导航定位系统,又让"小鹰500"的驾驶与飞行更加舒适、安全。

10点20分试飞员跨进驾驶舱。10点26分,"小鹰500"在猎猎西风中顺利起飞,起飞滑跑距离410米。

从1903年12月17日人类第一架飞机成功飞上天空以来,安全就一直是最受关注的问题。总结百年航空经验,专家们制定了一整套检验飞机安全的方法,大到乘坐几百人的巨型民航客机,小到搭乘两三个人的轻型超轻型飞机,在投入飞行前都要经受严格的测试,专家们把这一过程戏称为给飞机"上刑"。"上刑"时,"小鹰500"被牢牢固定在钢铁框架中,全身布满受力点,通过十几个液压装置对机身进行空中受力模拟,密布机身的七百多个感应器随时把数据传递给计算机,其中单项抗性试验最多达到1 800次。

10点44分,"小鹰500"安全着陆,着陆滑跑距离250米,飞机首飞成功。

赵鹏(首席试飞员):7到9秒米的横侧风对试飞非常不利,但"小鹰500"以优秀的品质经受住了考验。

与大中型飞机相比,"小鹰500"对机场的选择更加宽泛了,同时又比直升机有了更远的航程,可以更好地满足私人商务、家庭旅游以及环境资源探测等活动对飞行灵活性的特别要求,也因此成为我国民用航空领域一颗冉冉上升的新星。

保护生命的服装
——宇航服

航天服

是保障航天员的生命活动和工作能力的个人密闭装备。可防护空间的真空、高低温、太阳辐射和微流星等环境因素对人体的危害。在真空环境中，人体血液中含有的氮气会变成气体，使体积膨胀。如果人不穿加压气密的航天服，就会因体内外的压差悬殊而发生生命危险。航天服是在飞行员密闭服的基础上发展起来的多功能服装。早期的航天服只能供航天员在飞船座舱内使用，后研制出舱外用的航天服。现代新型的舱外用航天服有液冷降温结构，可供航天员出舱活动或登月考察。

那里是一个真空的世界，没有可供人类呼吸的空气，没有大气压，没有适宜的温度。在神秘莫测的外太空，即使是无法看见的宇宙辐射和及其微小的飞行物，都对宇航员的安全构成巨大威胁。他们唯一的保护就是宇航服。

在人类探索宇宙的漫漫征程中，要面对各种恶劣环境的挑战。一件宇航服，需要保护宇航员免受种种危害，无论是太空中没有经过大气层过滤的红外线和紫外线辐射，还是从背阴处的-150℃到朝阳面的150℃这样高达300℃的热差异。生活在一个大气压下的人类，在气压降到0.5时，就会丧失意识。即使戴着氧气面罩，0压力也会使人的血液进入沸腾状态，因此宇航服还要在内部产生一定的压力以防范真空，同时还要保证宇航员不窒息、不干渴并且活动自如。

1969年7月，首次登上月球的阿姆斯特朗身穿的宇航服由铝、特氟龙、尼龙等24层材料组成，重达100千克，在地球上穿着它根本无法站立行走。但是由于月球的引力只有地球的1/6，因此这套服装在月球上只相当于地球上的17千克的重量，所以我们看到宇航员可以行走自如。登月宇航服还不算最重，俄罗斯宇航员在和平号空间站使用的宇航服重105千克，美国宇航员在航天飞机上穿的宇航服则重达131千克。

这么重的宇航服是如何穿在身上的呢？美国和俄罗斯的设计也各不相同。美国的宇航服分为带袖的上衣、裤子、头盔和手套四部分。由下至上逐一穿戴。俄罗斯的宇航服则是半硬的,全身为一个整体,打开整个背包拉链,人从后面进入宇航服。

尽管它们的外形和重量不同,从性能上看,宇航服都设有5道防线。第一道为内衣层,既能传热,又能透气。第二道为调温层,通过大量流动的液体调节宇航服的温度。第三道为1个大气压的加压层,第四道将前三层约束成宇航服外形。第五道为保护层,抵御微小太空物体的袭击,同时阻抗宇宙射线的辐射。

1965年,苏联的宇航员第一次离开宇宙飞船在太空行走时,他的宇航服上有一根像连接胎儿和母亲的脐带一样的粗管同航天器相接,粗管的作用也和脐带相似,它提供宇航员工作时必需的氧气和能源。20世纪70年代以来,宇航服所有的技术装置(空气、通讯和热控制系统、电池)都装在一个特制的背包内,这是一个轻便的生命维持系统,里面有氧气袋和二氧化碳处理装置。通信系统,可以和地面联络。宇航员在舱外活动时只用一根很细的保险绳同机身连接。自从1984年美国使用"火箭座椅"技术后,这最后的一线牵连也不需要了。这种220千克重的火箭座椅由32个微型空气压缩喷嘴推动和导向,宇航员能以每秒30米的速度向任何方向自由活动。同时,它也使宇航员在舱外的停留时间从几十分钟延长到七八个小时。

宇航服的逐步改进体现了科技的不断进步,半个世纪以来,人类探索太空的脚步越走越远。宇航服作为人类遨游宇宙的见证者,忠诚地保护着宇航员,使他们成为在太空中飞翔的天使。

宇航服发展历程:

1933年:宇航服的前身——"改造的潜水服";

1943年:环节形的"番茄天蛾宇航服";

1961年:宇航服有了一层铝用来反射热和紫外线;

1990年:开始试验硬外壳的新式宇航服。

圆梦飞行员

> **中国的飞行员组成**
>
> 一般有"大改驾"和"养成生"两种。所谓"大改驾",是指从大学生转为飞行员,一般又包括"2+2"和"3+1"以及"4+1"三种,前者是指接受两年普通大学课程教育后,再接受两年飞行驾驶专业教育,"3+1"是指接受3年普通大学专科课程教育后,再接受一年飞行驾驶专业教育,最后一种则是大学本科毕业后,再接受一年飞行驾驶专业教育。"养成生"则是高中毕业后直接被选拔为飞行员进行培养。一旦被选为"养成生"后,将会在航校接受4年完整的飞行理论课程和多次飞行训练,一般是学习两年到两年半的地面理论后,就进入飞行训练。

这些想成为飞行员的年轻人,正在接受细致的身体检查。2003年,我国空军招收飞行员的范围第一次扩大到全国28个省、市、自治区和50个普通理工大学。在录取人数保持稳定的情况下,这意味着筛选会更加的严格。

空军飞行员需要有极好的身体素质去完成任务。现代战斗机最高时速可达3 000千米,10秒钟就能完全改变飞行方向,急转弯时飞行员要承受10倍自身重量的压力,内脏器官会偏离正常位置10厘米左右,全身的血液飞速下压,大脑短时缺血会让飞行员两眼昏黑,甚至造成意识丧失,有30秒的时间完全失去对飞机的控制。这时一丝一毫的视觉或听觉缺陷,心血管系统脆弱,或是轻微的脊柱弯曲,都会造成直接的灾难。虽然特殊的离心机训练和抗荷服的应用可以增加飞行员的适应性,但空军对飞行员身体条件近乎苛刻的要求却丝毫没有放松的迹象。

相对于现代喷气战斗机来说,民航飞机的时速要低得多,因此对飞行员的身体要求也相对降低,空军飞行员必须达到的1.0的视力标准,在民航方面则降低到了0.7,但民航飞行安全第一,所以民航飞行员必须经过长期的身体训练,来保证他们在特殊的情况下也能正常操作。

自动驾驶、卫星导航等技术在飞机上的应用和医疗水平的提高,如今已经让民航和商业航空对飞行员的身体要求有所松动。一些飞行员在飞行前被允许使用效果稳定、副作用小的药品,来平缓他们那略显超标的血压;而另一方面,对飞行员心理素质的关注则正在迅速提升,这些看似电子游戏的活动,其实是目前国际上挑选飞行员通用的心理测试的一部分。心理测试可以分析一个人是否存在粗心、鲁莽或偏激等性格缺陷,人们已经清醒地意识到,在民航飞行中,良好的心理素质有时比强健的体魄更重要。

轻型飞机驾驶为更多的普通人成为飞行员提供了机会。轻型飞机主要用于私人飞行和航线以外的通用航空飞行,巡航高度一般在3000米以下,巡航速度300千米左右,没有战斗机的极度惊险,也没有民航飞机的责任重大,所以飞行员身体条件也从民航飞行的一级标准降低到了二级标准,只要0.5的视力水平就可以满足要求,除一定的理论学习外,只要35学时的模拟和实际操作合格,即可领取驾照驾驶飞机了。目前全世界通用轻型飞机已有三十多万架,通用航空飞行员更多达七十多万名,远远超过了空军和民航,并还在以每年10%~15%的速度递增。在我国,学个驾照开飞机也正在为更多的人所接受,近两年中在中国民航飞行学院申请学习轻型飞机驾驶的人就超过了过去40年的总和。

在飞机诞生100年的今天,普通人开飞机已不再是遥不可及的事了,像驾驶家庭汽车那样,驾驶轻型飞机将会从一个职业演变成一项技能,这也是百年航空向我们展示的又一个新的希望。

走向太空

> **火星探测项目**
> 是继载人航天工程、探月工程之后中国又一个重大空间探索项目,也是我国首次开展的地外行星空间环境探测活动。我国首个火星探测器"萤火一号"原定于2009年10月搭载俄罗斯运载火箭,与俄罗斯的"福布斯—土壤"火星探测器"结伴"奔向火星,但由于种种非技术原因推迟发射。由于火星每两年才靠近地球一次,"萤火一号"需等到2011年发射。

1961年4月12日,苏联宇航员加加林进入太空。这是人类第一次漫游太空,此后再也没人怀疑人能在太空生存。1969年7月16日美国阿波罗11号首次登月,这是人类第一次踏上月球,此后星际移民成为地球人追求的目标。梦想了几千年,人类终将离开自己的摇篮。

月球?火星?

如果能到月球上称一称,你会发现体重只剩下原来的1/6。较小的引力和丰富的能源使月球成为理想的航天基地。1998年探测器发现月球上存在大量冰冻水,据估算能让2000人用上一百多年。制造空气的元素氧和氮能在月球土壤中找到。特别是月球上丰富的氦-3元素是一种清洁高效的能源。这些为人类移民月亮提供了理想的条件。人移居月球在解决了宇宙射线防护问题一些技术问题后会更加安全。新一轮的月球探索正在展开。各掌握了空间技术的国家纷纷推出自己的探月计划。我国的探月计划称为"嫦娥工程",计划分三阶段分别向月球发射卫星、探测器和派遣机器人登陆,最终将在月亮上建立我国的月球基地。也许要不了多久,荒凉寂寞的月球上将会呈现一派热闹景象。

太空中还有一颗行星让人类浮想联翩,这就是火星。它和地球太像了,同样拥有大气层,同样有一年四季,自转周期也相差无几,难怪人们会问:火星上有生命吗?

最近火星探测器发现了高密度的氢,科学家由此推断火星上有冰,火星存在生命的可能性大大增加。

目前,登陆火星的工作正加紧进行。这块酷似火星的地方是地球上的一个火星研究基地,科学家们在这里模仿火星生活,为他们将来的探索活动做准备。科学家还在尝试建立人类在外星球生活必须的完全封闭的生态系统。在这个系统中将实现空气、水和食物的循环生产和再利用。同时,科学家们对前往火星的航天器提出了种种设想。这是一种核动力太空船,它将在半年时间到达火星,这种飞船应用了反物质理论使人类的火星之旅能有望完成,目前俄罗斯、美国和欧洲航天部门正在联手研制新型飞船,计划在2015年把人类送上火星,到那时有关"火星生命"的种种猜测以及人类能否移民都会找到答案。

空间站

这是美国的阿特兰蒂斯号航天飞机又一次升空,这次的任务是为国际空间站送去一个大梁。空间站是一种可供多名航天员居住工作的大型载人航天器。国际空间站被称为"外空中的金字塔",它是在空间领域国际合作的结晶,由多个国家共同建造,它由对接舱、轨道舱、生活舱、服务舱和太阳能电池帆板等组成。2004年左右建成时将成为重达400多吨、长108米的庞然大物,它将成为人类在地球以外的从事空间研究的基地。

太空梦离我们还有多远

2002年美国富翁蒂托搭乘俄罗斯"联盟"号飞船升空,成为全球第一位太空观光客,人们从中看到了未来游览太空的希望。20世纪的一部科幻小说中设想了一种"太空天梯",它可以把人类送入太空,听起来有点像天方夜谭。在美国真有科学家研究如何把它变为现实,没准过二三十年人们就可以顺着这种天梯去遨游太空呢。

地外生命的迹象

> **流星雨**
> 　一般认为是由于流星体与地球大气层相摩擦的结果（流星体可以是小行星带上的小行星），流星群往往是由彗星分裂的碎片产生，因此，流星群的轨道常常与彗星的轨道相关。成群的流星就形成了流星雨。流星雨看起来像是流星从夜空中的一点迸发并坠落下来。这一点或这一小块天区叫做流星雨的辐射点。通常以流星雨辐射点所在天区的星座给流星雨命名，以区别来自不同方向的流星雨。例如每年11月17日前后出现的流星雨辐射点在狮子座中，就被命名为狮子座流星雨。

　　你可能看到过若干流星，狮子座流星雨。

　　它们被叫做狮子座流星雨，因为它们看起来似乎来自狮子座，界于天顶左边的大熊座和刚好在右边地平上的天狼星之间的中点。

　　实际上，流星雨只是从彗星上脱落下来的物质，与组成狮子座的数十亿倍距离之外的恒星毫无关系。

　　地球穿过彗星遗留下来的残留物时，我们就看到了流星雨。这些微小的尘埃粒子非常靠近我们，仅仅位于几百千米以上。它们在地球引力下快速进入地球大气，因为与大气摩擦而发出耀眼的光芒。

　　狮子座流星雨散布在一颗名为坦普尔-塔特尔(Temple-Tuttle)彗星的轨道上。每33年回归一次，彗星留下越来越多的残骸而成为流星雨的来源。

　　意大利天文学家恰帕热力（Schiaparelli）在1866年看到了坦普尔-塔特尔彗星，并预言了下一次流星雨的时间。但是他没有考虑到木星在靠近彗星的轨道上通过时，巨大的引力影响了流星雨物质的运动……因此并没有在预报的时间内发生流星雨。

　　自那以后，坦普尔-塔特尔彗星曾经数次接近太阳，在尾迹上留下了新的残骸，它们进入地球大气时，形成壮观的流星雨。

　　在过去的成千上万年中，成吨的陨星落在地球上。是陨石把生命带到地球上了吗？我们不知道。

　　可能是彗星或小行星把生命起源所必须的化学元素或者在它们通过空间存活了下来的有机物比如保留在气泡中千万年的细菌，带到了地球上。

也可能地球上生命的出现没有依赖外界的帮助,比如在充满水和甲烷的沼泽中通过光化学作用而形成。

什么是生命呢?

它起源于分子学会自我复制。在一定条件下,这种现象可以偶然地在地球上出现。

这些条件在宇宙中任何地方的许多其他地方也可能存在着。

在月球上?不,那儿既没有大气,也没有水,以环形山和撞击留下的坑为标志的地形,数十亿年来从未变化过。

月球上唯一的生命迹象是四分之一世纪前在上面行走的宇航员留下的脚印。它们还将留在那儿千万年。

在其他行星上会有生命吗?或者在太阳系之外?我们在宇宙中孤独吗?

若干世纪以来,我们一直在观测火星。1976年海盗号飞船飞过火星,给我们发送回来令人吃惊的图片:在火星地形上,一个人脸在注视着我们!可是那仅仅是一座小山的阴影。

除开"小绿人"的传说外,我们还发现了火星微生物的痕迹:在火星炎热的表面,我们发现了已经干涸的河床的印记。由此可见,数十亿年前水在火星上是普遍存在的。

那么也存在过生命吗?1 600万年前,一颗巨大的小行星似乎落在了火星上,把火星岩石的碎片抛到了空间。火星的质量只是地球质量的十分之一,石头比较容易逃逸。这些石头中的一块成为长期环绕太阳运行的微陨石,最后在穿过地球轨道时因为地球引力而降落在地球南极。

发现和分析了这个火星信使之后,人们找到了某种原始生命的踪迹。当然持怀疑态度的人们可以就这些微生物遗留物的微小痕迹进行激烈的争论。

我们也曾经考察过木星周围。空间探测器曾经飞过欧罗巴,木星的一颗卫星。它的表面是厚厚的冰壳,下面可能存在海洋。那儿可能存在水,因此可能存在生命。但是在-150℃之下会是什么生命呢?至多是细菌,类似于生活在我们极区冰盖下的那种,但是肯定不是与我们与我们同样在进行空间探测的那种高级地外生命……

另外的探测器正在探测土星:在土星最大的月亮泰坦上可能存在微生物。但是在太阳系内没有我们能够与之交流的地外生命。

而在太阳系外是可能的,但是我们怎样发现它们呢?

- 在银河系内数十亿颗恒星中,我们应当能找到几颗……

- 它们类似于太阳。
- 在这些恒星中,我们应当找到具有行星的那些。在这些行星中,找出具有大气的和适宜于生命条件的那些。
- 我们应当找出正好发展到和我们一样程度的地外生命。假如他们发展水平较低,他们不能与我们通讯;假如他们比我们先进,他们或许已经发现了我们但是对我们不感兴趣。
- 在宇宙的历史中,地球上的文明仅仅已经存在了短短的一瞬间。
- 与银河系另外一边的地外生命通讯,所有这些条件均必须吻合。
- 于是我们可以通讯和交流……
- 但是那样的一系列吻合似乎非常不可能。

我们关于探询地外生命的问题表明,在什么是能够的和什么是或许的之间存在巨大的差异。

向未知延伸

北京古观象台的六台天文观测仪风采依旧。它们的观测精度能和任何一台现代仪器媲美。中国的古代天文学家在世界上最早记载了太阳黑子、哈雷彗星、超新星等天象。中国古代天文计算采用的赤道坐标仍被现代天文学所沿用，这些成就和当时欧洲发达的数学、天象学知识相融合，才催生出这些杰出的天文仪器。它们是中国和欧洲科学家的智慧结晶。

1993年，我国与意大利国家核物理研究院合作，在羊八井建造了地毯式阵列宇宙线监测站。用科学家的话来说，就是试图将落入地毯区域内的宇宙射线粒子"一网打尽"，完成最细腻的测量，现在它已成为世界上最大最完整的宇宙线监测站。

对于太空，人们已经发明了许多仪器进行研究，而对我们体内的微小世界又如何探测呢？微电子机械技术就可以帮我们实现。重庆某公司正在进行的一项研究，目的是研制可以在人体消化道中拍摄画面并传送出信号的微型摄像系统，如果应用于临床它将不仅能免去人们做肠镜胃镜之苦，还能够获得令人满意的检查效果。而它的基础来自于微电子机械系统的研究。

从1997年开始，我国和德国开姆尼茨工业大学微电子中心合作，共同开发微电子机械系统技术。而在我国重庆大学这种技术被成功应用于生化分析仪器的研制。

我们常用的电脑打印机和汽车的安全气囊系统中的传感器目前都使用了这种技术。在几乎人们可以接触到的所有领域中，这种技术都有着十分广阔的应用前景。

人活天地间，头顶上的天空为人们提供了足够宽广

> **北京古观象台**
> 属全国重点文物保护单位，位于北京市建国门立交桥西南角，古观象台始设于元代，原名"司天台"。明初攻克北京时毁于战火，残存的天文仪器被运往南京保存。明正统七年（1442年）时重建此台，古观象台是由元代大都城的东南角楼改建而成的高台砖砌建筑。改名"观星台"，并复制了一套仪器，明代台上置有大型铜铸天文仪器浑天仪、简仪、浑象仪（天球仪）等，台下是紫微殿、漏壶房、晷影堂等建筑，内置圭表、漏壶等仪器。

的探索空间,让我们去漫游。而我们脚下坚实的大地却似乎总将它的秘密深埋不露,当人们从地下采水、采煤、采油的时候,对地下秘密的好奇心也与日俱增,于是,中欧科学家一同开始打造一架深入地球内部的望远镜。

由我国和德国合作的科钻一井,是国家"九五"重大科学工程项目之一,是亚洲最深的钻井工程,也是国际大陆科学钻探计划的重点项目。这项工程完工以后可以把观测仪器送到地下5 000米深处,直接获取第一手地下数据和信息。

地下深层的岩石忠实地记录了地球沧海桑田的变化,它们埋藏着大地运动、生命的起源、深部资源的众多的秘密。通过对岩石圈的直接观察,人们可以了解和认识大洋和大陆的板快运动,探索地壳应力和地震、火山过程、生命演化、气候多样性等一系列地球科学问题,用"入地"的方法认识自然、探索未知领域的意义不逊色于载人航天。

人类能走多远

20世纪，人类终于实现了飞出地球，遨游太空的梦想。但是对于浩瀚无垠的宇宙来说，所有这些只不过是人类在太空征途中迈出的一小步，未来，人类还要探索更远的空间，这就需要克服宇宙中时间与空间的障碍。

依靠目前燃烧固态或液态推进剂产生动力的技术，航天飞机需要经过几次连续不断的加速，才能达到脱离地球引力的速度，进入到太空。

凭借这样的速度，宇航员要想到达距离地球最近的行星——火星也要两百多天的时间。在这么漫长的航天生活中，宇航员的生理功能以及心理和行为的方式都将面临严酷的考验。同时，太空旅行中的能源与物资供应也将是一大难题。

要缩短宇宙旅行的时间，就要研制出具有更大推力以及更加良好性能的航天飞机。科学家认为在不久的未来，人类能够利用日趋成熟的核能技术，研制出由核能驱动的宇宙飞船，从而大大缩短宇宙航行的时间。同时，为了能够在远离地球的地方生存并为更加遥远的星际旅行提供足够的能源和物资，人类还必须要掌握改造其他星球的技术，未来火星的开发计划也许会为开发其他的星球提供一些经验和科学数据。

根据探测的结果，火星的冰盖中极有可能存有大量的水，科学家们就设想把数十个巨大的太阳反射镜放置到围绕火星的轨道上，利用镜子所反射的太阳光线融化火星表层的冰盖，如果这项工程顺利的话，维持生命所必需的水就会流入这颗红色星球的深深峡谷之中。同时利用火星的矿藏生成含有二氧化碳、氮气等温室气体的火

"

虫洞

由阿尔伯特·爱因斯坦提出该理论。简单地说，"虫洞"就是连接宇宙遥远区域间的时空细管。暗物质维持着虫洞出口的敞开。虫洞可以把平行宇宙和婴儿宇宙连接起来，并提供时间旅行的可能性。虫洞也可能是连接黑洞和白洞的时空隧道，所以也叫"灰道"。

星大气层，当大气层逐渐变厚，地表的温度就会逐渐升高，源源不断的水将在火星的表面开始流淌，植物也将从火星的土壤中生长出来。

这样，通过应用自己的技术，人类终于做到了将宇宙中没有生命存在的天体逐步变成了适合人类居住的星球。然而，相对于遥远的恒星，火星还算是我们近邻，因为最近的恒星距离我们也有4.2光年的距离，要到达那里，就需要获得每秒16.7千米的速度来脱离太阳系的引力，即使这样也要花费8万年的时间才能到达那里，人类有限的生命周期使这样漫长的星际航行几乎不可能。

根据爱因斯坦的相对论，光速是宇宙中的极限速度，于是，接近光速飞行就成为太空科学家梦寐以求的理想。相对论认为，运动物体的质量会随着速度的增加而增加，当无限接近光速成为可能，物体的质量会变成无穷大，这就意味着需要越来越多的能量来推动它抵达光速。如果突破这一理论与技术上的局限，未来的恒星之旅也许将成为可能。

除此之外，科学家在寻找另一种便捷的方式来实现星际旅行，那就是时空隧道理论，这种理论把宇宙设想成由时空组成的二维平面，而"虫洞"就像隧道一样可以把相隔遥远的不同宇宙或宇宙中的不同部分连接起来，如果能够在地球附近找到或制造一个"虫洞"，人类的太空飞船就有可能比光更早地到达遥远的恒星。虽然这些理论还仅仅是纸上谈兵，但是科学家已经开始用自己的智慧证明人类可以走得更远。